普通高等教育"十二五"规划教材

印刷设计

李慧媛　主　编

李慧媛　宿彩艳　徐凯　张　磊　编著

中国轻工业出版社

图书在版编目（CIP）数据

印刷设计 / 李慧媛等编著. —北京：中国轻工业出版社，2017.7

普通高等教育“十二五”规划教材

ISBN 978-7-5019-8065-9

Ⅰ. ①印… Ⅱ. ①李… Ⅲ. ①印刷－工艺设计－高等学校－教材 Ⅳ. ① TS801.4

中国版本图书馆 CIP 数据核字（2011）第 016932 号

责任编辑：王　淳　　责任终审：劳国强　　封面设计：张　磊　宿彩艳

版式设计：宋振全　　责任校对：晋　洁　　责任监印：张　可

出版发行：中国轻工业出版社（北京东长安街 6 号，邮编：100740）

印　　刷：北京君升印刷有限公司

经　　销：各地新华书店

版　　次：2017 年 7 月第 1 版第 5 次印刷

开　　本：889 × 1194　　1/16　　印张：7.5

字　　数：200 千字

书　　号：ISBN 978-7-5019-8065-9　　定价：38.00 元

邮购电话：010-65241695 传真：65128352

发行电话：010-85119835　85119793　传真：85113293

网　　址：http://www.chlip.com.cn

Email：club@chlip.com.cn

如发现图书残缺请直接与我社邮购联系调换

170890J1C105ZBW

序 言

进入21世纪已有10年多的时间，中国艺术设计随着经济的崛起和文化的繁荣在快速发展，既面临前所未有的机遇，也遭遇着前所未有的挑战。艺术设计是社会变革的产物，自改革开放以来，艺术设计进入了新的发展阶段。市场经济的发展、人民生活水平的提高和生活方式的改变，推动了艺术设计及其教育体系的变革。亲身经历艺术设计教育几十年发展变迁的笔者，对艺术设计内外因素相互作用及其发展变化的一些规律有着深切体会和认识。作为教学和设计一线的笔者关注着这些变革，并奉献出他们的研究成果，推动艺术设计的健康发展。

我们身处高度信息化的现代社会，人们的思想意识与生活方式日新月异，各领域都在经历着裂变与融合。全球一体化正在进一步加速，艺术与文化在这一进程中不断交流与碰撞，创新与变革是推动现代艺术设计不断向前发展的动力，也是其不竭的生命力所在。艺术设计内涵需要升华、形式需要拓展，从而不断去满足人们的需求，适应并推动人们生活方式的变革。设计艺术学是科学与艺术、技术与美学交融一体的学科，并与经济、文化多个学科交叉。因此设计思想、设计观念、设计方法、设计手段等各个方面都需要与其他学科同步发展，艺术教育也要不断地调整教学目标和方向，做到与时俱进。

为了适应教学体系不断改革和完善的需要，中国轻工业出版社组织编写了本套教材。在编写之前，我们对已出版的相关教材作了认真的分析和研讨，结合作者多年的探索与经验，吸收国内外设计家、教育家在学科发展前沿取得的最新成果，力争弥补现行教学体系中的不足。艺术设计正日益成为小到市场竞争，大到综合国力提高的一个重要手段，面对瞬息万变的市场和时代发展，我们的艺术设计教育要想培养担此重任的合格人才，任重而道远。编写反映当代设计现状、紧跟并引领当代设计发展走向的教材，需要全国同仁的共同努力，不断探讨、交流和提高。

本套教材在编写过程中，力求做到资料翔实，帮助学生全面掌握和了解艺术设计的规律和方法，满足社会对艺术设计教育的新需求，对培养适应时代发展的设计人才有所帮助。并对中国艺术设计教学体系的完善和提高尽到一份绵薄之力，这是我们一如既往努力的目标和方向。

魏嘉

2011年2月

目 录

第一章 印刷概述

图 1–2 古典论著

印刷术的发明促进了人类知识的广泛传播。印刷扩大了文字与图像的跨空间传播与流量，丰富的印刷品，如珍贵书籍（图 1–1）、古典论著（图 1–2）千载流传，带动着人类社会进步与文化的相互交融。近代科学技术的发展也促进了印刷技术的迅速发展，尤其是近几十年来电脑的普及与设计软件的发展，不仅推动了印刷技术与设计应用的革新，也使印刷进入了数字化时代。

图 1–1 珍贵书籍

第一节　印刷的概念与传承

一、印刷的定义及特点

（一）印刷的定义

长期以来，印刷必须要有印版，印版上的油墨（或色料）只有在压力的作用下，才能够转移到承印物上。近几十年，电子、激光、计算机等技术向印刷领域的不断扩展以及高科技成果在印刷中的应用，对以印版和压力为基础的传统印刷提出了挑战，不需要印版和压力的数字化印刷方法如雨后春笋般出现在业界面前。例如：激光打印、喷墨打印、热蜡转印等，使印刷的定义有了新的概念。我国颁布的国家标准《印刷技术术语》中写到：印刷是使用印版或其他方式将原稿上的图文信息转移到承印物上的工艺技术。

（二）印刷的特点

1．大众性

印刷品是传播科学文化知识的媒介，是装潢、宣传商品的一种手段（图 1–3）。我们的生活离不开印刷品，印刷已经成为人类生活中不可缺少的一部分。

2．政治性

书籍、报纸、期刊、文件等印刷品，具有宣传国家政策、方针的作用，是为政治服务的舆论辅助工具（图 1–4）。

图 1–3　宣传册

3．严肃性

印刷品的种类繁多，涉及政治、文化、军事、科研等领域。在印刷品的生产过程中，必须认真负责、严格校对，使其按照原稿准确无误地印刷出来，不允许有半点差错。

4．机密性

印刷品中有限制阅读的非公开出版发行的读物，有严防伪造的钞券、票据，有军用地图、科研资料，有未经使用的试卷等。

5．工业性

印刷品是由运用印刷技术的生产部门加工而成的。印刷业与造纸、油墨、印刷机械制造业构成了一个庞大的工业体系，属于轻工业的范畴，具有一般工业的特性。

6．科学性

印刷技术是建立在数学、物理、化学、电子学、力学、机械学、流变学等基础学科之上的。

7．技术性

印刷是一门实用科学。印刷品的制作必须通过理论与技术密切结合才能成功。如：印刷压力的调整、油墨的配置、墨色的控制、印刷速度的掌握、色序运用等，都需要有娴熟的技术才能处理得当。

人民日报 海外版

姚明在获得NBA第7枚总冠军戒指后宣布退役

联合国总部迁往西安

105 个国家 15 个国际组织 表示支持

人大会议举行第四次全会

讨论中国拟对美做第四次经济制裁 并提请全国人大批准

中国：美国人权不好

新华社：每个中国人都要有“钉子”精神

世界杯快讯：中国4：0巴西 勇夺世界杯

外交部：我们没有轰炸日本

中国将妥善安置日本女人

ARJ21飞机开始量产

日本全国遭核轰炸

截止发稿没有国家对这次轰炸负责

男人全部死亡 女人逃到中国

“钉子户”精神是国人维权意识的进步

中华人民共和国 朝鲜特别行政区 正式成立10周年

ChinaRen社区 club.chinaren.com

图 1–4 报纸

8．艺术性

印刷品是否使读者赏心悦目、爱不释手，除内容外，视原稿设计的精美，版面编排的生动、色彩调配的鲜艳（图 1–5）等而定，必须赋予印刷品以美的灵感，印刷技术本身就是一门艺术加工的技术。

综上所述，印刷品是科学、技术、艺术的综合产品。因此，印刷的从业人员，必须有较高的文化水平，除了掌握必要的印刷理论知识，还要具备熟练的印刷操作技能，在实践中不断地

图 1–5 商业宣传品

图 1–6　活字印刷

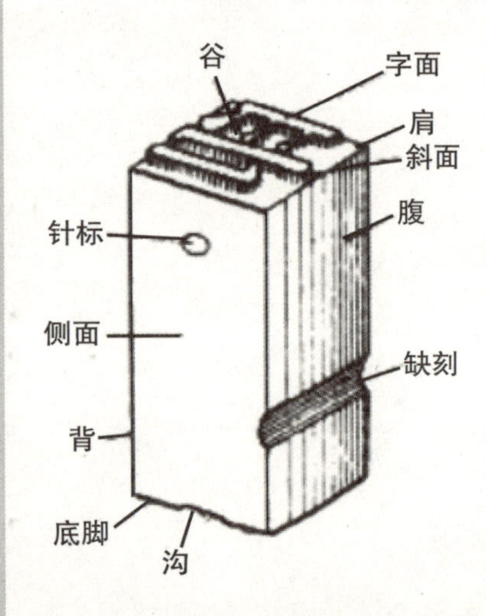

图 1–7　铅活字

提高自身的艺术修养，才能生产出精良、优美的印刷品。

二、印刷的传承发展史

印刷术是中国古代四大发明之一。公元 1041~1048 年间，毕昇发明了活字印刷术（图 1–6），是人类历史上最伟大的发明之一，是中国为世界文化作出的重大贡献。毕昇发明的印书方法和今天的比起来，虽然很原始，但是活字印刷术的三个主要步骤——制造活字、排版和印刷，都已经具备。北宋时期的著名科学家沈括在他所著的《梦溪笔谈》里专门记载了毕昇发明的活字印刷术。

在中国发明的雕版印刷和活字印刷的影响下，公元 1445 年，德国人约翰内期・古登堡制成了铅活字（图 1–7）和木制印刷机械。当时，中国和朝鲜早已出现了铅活字，但古登堡不仅使用铅、锡、锑来制做活字，而且还制作了铸字的模具，因此制作的活字比较精细，使用的工具和操作方法也很先进，他还创造了压力印刷机和研制了专用于印刷的脂肪性油墨。由于古登堡的一系列创造发明，从而成为了举世公认的现代印刷术的奠基人，他所创造的一整套印刷方法，一直沿用到 19 世纪。

在古登堡创造了凸版印刷术后，西欧亦有人仍在不断地为提高印刷技术而努力，先后创造和完善了纸型铅版、橡皮凸版等复制版的制作工艺、提高了凸版印刷品的质量、印量和印速。

自从有了纸以后，随着经济文化的发展，读书的人多起来了，对书籍的需要量也大大增加了。到了宋朝，印刷业更加发达，全国各地到处都刻书。北宋初年，成都印《大藏经》（图 1–8），刻板十三万块；北宋政府的中央教育机构——国子监，印经史方面的书籍，刻板十多万块。宋朝雕板印刷的书籍，字体整齐朴素，美观大方，后来一直为我国人民所珍视。上海博物馆收藏的北宋“济南刘家功夫针铺”（图 1–9）印刷广告铜版，可见当时已经掌握了雕刻铜版的技术。

大约 15 世纪中叶产生了凹版印刷术，其原理是使印版的图文低于空白部分，版面结构类似于我国古代的拓石，只是着墨部位正好与拓石相反。由于用这种印刷方法印刷出来的成品表面墨迹微微凸起，易于辨别，难以模仿，所以多用于印制钞票、邮票等有价证券。

1881 年左右，旅居英国的匈牙利人盖斯特泰纳真正利用油印技术印刷文件。他用涂蜡的纤维纸作为模版，用铁笔把要印刷的资料刻于其上，铁笔刻写之处，纤维便出现微孔，然后将油墨刷于版上，用滚筒压紧推动，使油墨透过蜡版，粘附在下面的纸上。

1888 年，盖斯特泰纳用打字机（图 1–10）代替铁笔，他将打字机上的色带卸下，使字直接打在蜡纸上，字迹在蜡纸上

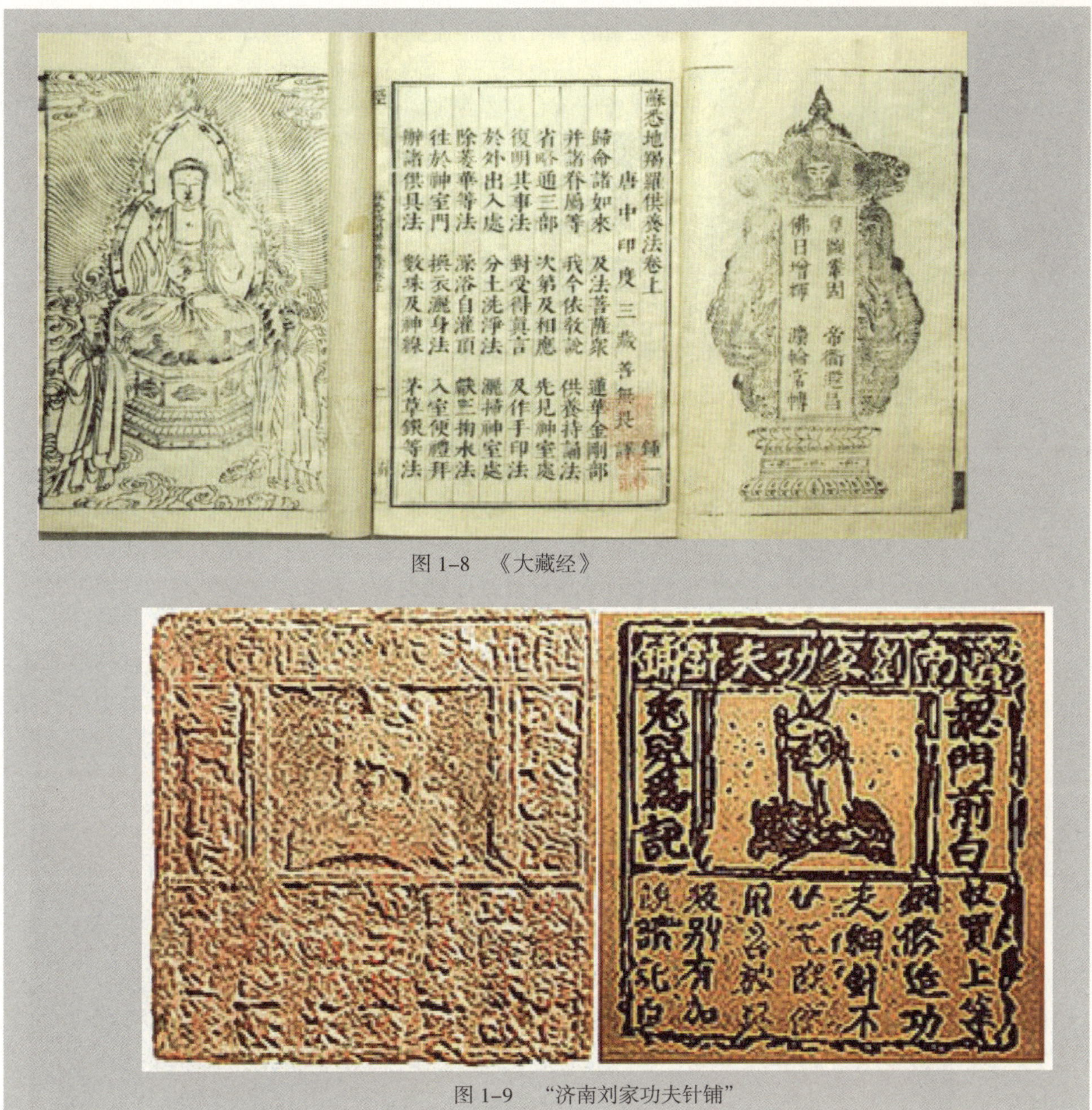

图 1–8 《大藏经》

图 1–9 “济南刘家功夫针铺”

留下痕迹。卸下蜡纸，铺于纸上，涂墨压印，获得了成功。10 余年后，奥地利人克拉博发明了旋转式油印机，使得油印的速度进一步提高。

石版印刷是 1778 年前后由捷克斯洛伐克人逊纳菲尔德发明的（图 1–11）。他在印刷乐谱时，发现表面有微孔的石板涂上油脂能吸附油墨，而未涂油脂部分因其具有蓄水性而不能吸附油墨。根据这种现象，他发现了油水相拒的原理，从而发明了石版印刷术，并曾著有《石版印刷术》一书流传于世。

胶版印刷是在石版印刷术的基础上发展起来的又一种平版印刷技术。1817 年，逊纳菲尔德用薄锌版代替了笨重的石版，并采用了圆压筒的印刷方式，解决了石版技术不易套准的缺点。1905 年，美国人鲁培尔又在逊纳菲尔德的平版印刷机上加装了一个橡皮滚筒，使得印版上的图文经过橡胶滚筒再转印到纸面上，印版和纸张之间不产生直接接触，创造了一种间接平版印刷方法。

由于平版印刷术，特别是胶版印刷方法与

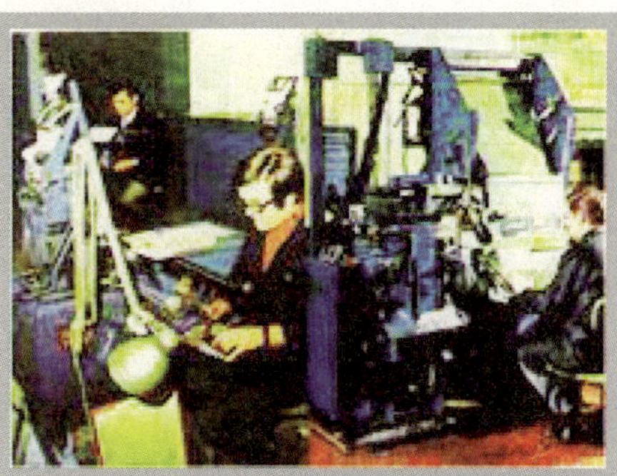
图 1–10　盖斯特泰纳打字机

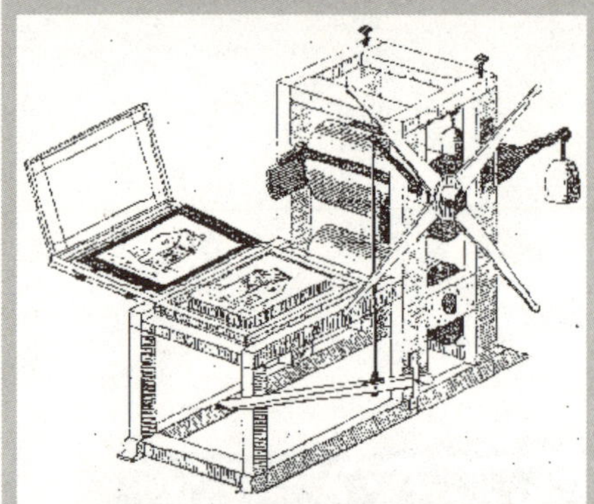
图 1–11　逊纳菲尔德发明的第一台石版印刷机

其他类型的印刷方法相比具有制作成本低、工艺简单、磨损小、速度快、适用范围广等特点，加之新光源、新感光材料，精密照相设备的配合以及制版逐步科学化和印刷质量的不断提高，使得该印刷方法获得不断发展，从而成为今天印刷业的主流。

第二节　印刷与设计的关系

21世纪是一个科学技术迅速发展的时代，印刷工艺的不断发展为平面设计提供了更为广阔的平台。印刷是设计最基本、最重要的一项加工工艺，设计效果优劣与印刷工艺息息相关，因为设计不是纸上蓝图，它必须通过一系列的生产流程才能变成成品，如包装品（图1–12）、广告制品（图1–13）、书装品（图1–14）等。作为设计者，要使产品成功就应该考虑到印刷工艺环节的限制以及利用这些工艺的长处，目前国内不少印刷厂，虽然引进了国外先进印刷设备，利用的也是同样的油墨纸张，印出来的产品质量却与人家的相差甚远，产品出来多数让人失望。这对于设计者来说十分不利。使得许多好的设计构思无法通过印刷的手段表达出来，因此要使自己的设计顺利地变为成

图 1–12　包装品

品，有必要了解印刷工艺的各个环节，使自己具备和印刷厂家的技术人员和工人交流的专业知识，随时解决印刷过程中所出现的种种问题。对于印刷技术上容易出现的问题，只要大家齐心协力，对工作精益求精，该在阴图上解决的问题，尽量不拖到阳图上，在阳图上可以解决的问题，决不拖到晒好的PS版再解决。这样前面的工作才能给后面的工作提供良好基础，质量也会随之提高上来。

总之，印刷与设计，两者互相依托，互为促进。作为一名设计者，想要在设计上有所成就就必须去熟悉了解印刷工艺的有关原理。只有这样，才能使自己具有更大的发展潜力，和今后适应社会需要的工作能力。

图 1–13 广告制品

图 1–14 书装品

第三节 当今印刷设计的发展趋势

随着生活水平的不断提高，客户对印刷设计的要求也会越来越高，因此在以后的印刷业肯定会越来越专业，设计与印刷必然会分离出来。专业的设计机构，专业的印刷厂以及好的售后将会构成更专业的印刷队伍。

全球印刷市场分为三大块：美国、欧洲和亚洲各占全球印刷市场的三分之一。中国印刷工业总产值在2006年已跃升至世界第三位。全球印刷市场总值为6100亿美元，北美占32%，欧洲占32%，亚洲占28%，其他地区占8%。然而，到2011年，全球印刷市场将“东移”：北美将占28%，欧洲将占31%，亚洲占30%，其他地区占11%，全球印刷市场总产值将达7200亿美元

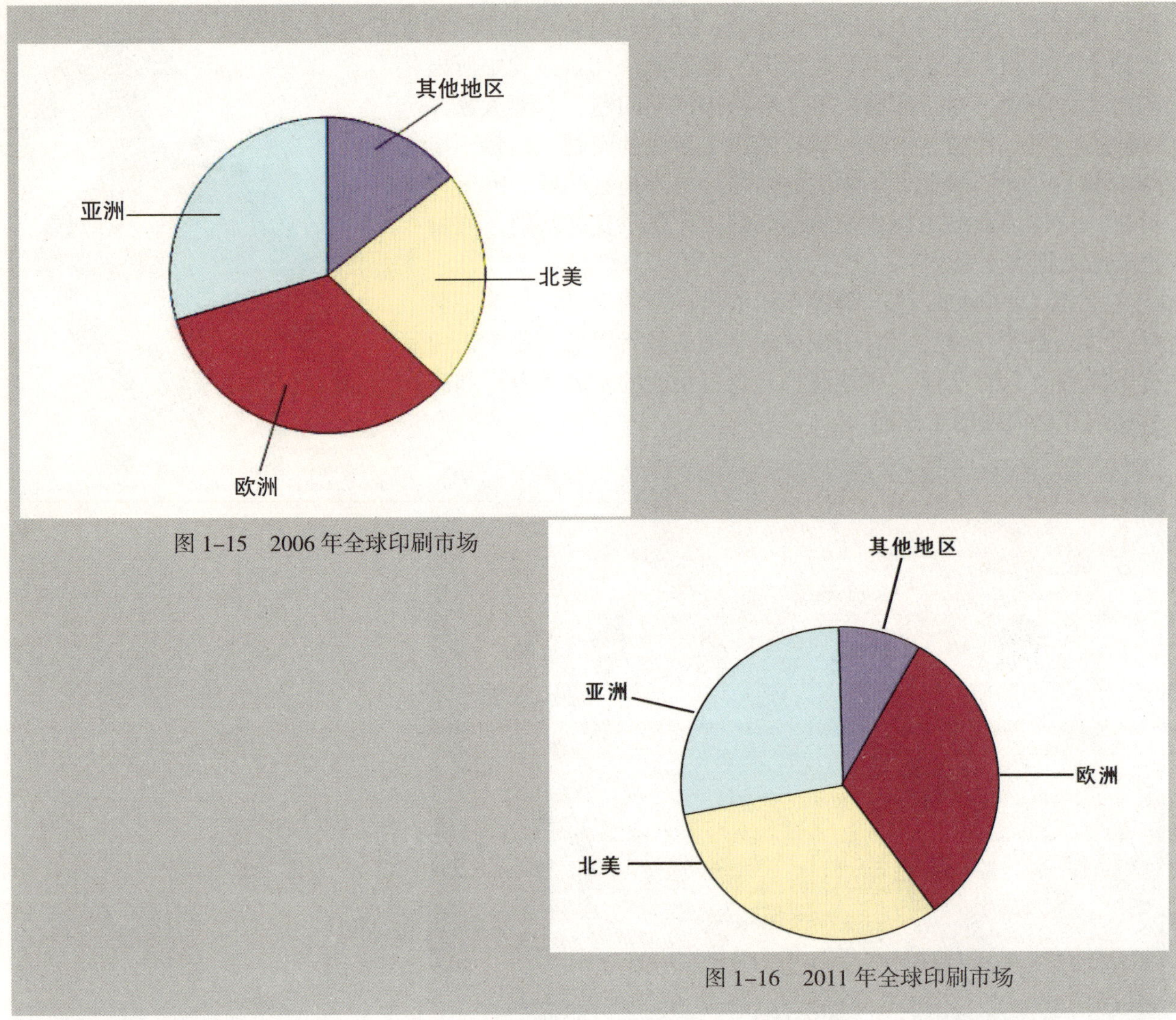

图 1-15　2006 年全球印刷市场

图 1-16　2011 年全球印刷市场

（图1-15、图1-16）。

欧洲印刷市场有两个相反的趋势：东欧印刷市场在未来5年的增长率高达51%，而西欧则只有12%。

从2006—2011年全球前12大印刷市场的图表来看，中国已经取代德国和英国成为第三大印刷市场。然而，到2011年，印度将从第12位跃至第8位。另一个显著增长的市场是印度尼西亚，2011年总印量将达100亿美元。

目前欧洲拥有印刷设备及配套服务的最大、最先进技术，美国和亚太地区是他们的主要供应市场。在澳大利亚、中国、印度、新加坡和泰国等市场的推动下，亚太地区的市场需求迅速扩张，预计到2015年将保持总体最快的复合增长，现今中国已取代德国和英国成为第三大印刷市场。印度也从过去的12位跃至第8位。

思考与练习：

1. 印刷的定义是什么？
2. 印刷有哪些特点？
3. 印刷与设计的关系是怎样的？
4. 简述印刷的主要发展历程。

第二章　印刷设计的视觉品质与工艺特性

第一节　印刷基本要素

一、原稿、承载物、印版、油墨

1．原稿

原稿是印刷质量控制的基础和前提条件，了解和认识原稿是印刷企业业务人员、制版人员、印刷机操作人员和检验人员所应该掌握的技能，通过鉴别原稿的质量，在制版或印刷过程中采取适当的工艺技术措施，弥补和纠正原稿上的不足和缺陷，是提高产品印刷质量的重要措施。

2．承载物

印墨自印版移转于被印材料上，便得印刷物。普通被印材料系指纸张而言。纸有新闻纸（图2–1）、印书纸、模造纸、道林纸、铜版纸、钞券纸、包装纸、招贴纸、牛皮纸（图2–2），打字纸、油光纸、毛边纸、纸板、赛璐芬纸、胶木纸、防火纸、瓦楞纸（图2–3）、圣经纸等。

图 2–2　牛皮纸

图 2–1　新闻纸

图 2–3　瓦楞纸

纸的一般特性，须由其平滑度、厚度、匀度、色度、紧密度、韧性、着墨性、渗透性、伸缩性、酸碱性等而定。特殊被印材料，属软质者有玻璃纸、维尼龙、聚乙烯、布类、裱合材料等。半硬性者有塑胶、赛璐珞、波型纸板、厚纸板等。硬性者有铁皮（铝皮等金属材料）、木板、夹板、玻璃、陶器、硬塑胶等。

3. 印版

印版，其表面处理成一部分可转移印刷油墨，另一部分不转移印刷油墨的印刷版。国家标准的解释为：“为复制图文，用于把呈色剂／色料（如油墨）转移至承印物上的模拟图像载体。”用于传递油墨至承印物上的图文载体，通常划分为凹版、凸版、平版和孔版四类（GB9851.1—90）。印版的功能就是印刷复制原稿图文信息。印版由版基和版面两部分组成。版基是印版的支承体，具有一定的机械强度和化学稳定性；版面上有吸附油墨的图文部分和不吸收油墨的空白部分，版面具有选择接受油墨的功能。印刷时，只有图文部分能够接受油墨和传递油墨。

凸版：图文部分明显高于空白部分的印版。包括活字凸版、感光树脂版等。

平版：图文部分与空白部分几乎处于同一平面的印版。包括PS版、平凹版、多层版、金属版等。

凹版：图文部分低于空白部分的印版。包括手工机械雕刻凹版、相机凹版、电子雕刻凹版等。

孔版：图文部分为通孔的印版。常用的孔版有镂空版、丝网版等。

4. 油墨

根据不同的方法，油墨也可以分成不同的种类。常用的有凸版印刷用油墨、平版印刷用油墨、凹版印刷用油墨、丝网孔版印刷用油墨、特殊功能性油墨等。

凸版印刷用油墨根据不同的特点又可以分为铅印书刊油墨、铅印彩色油墨（铜版油墨）、铅印塑料油墨、橡皮凸版塑料油墨（柔性版塑料油墨）、凸版水型油墨、凸版轮转印报油墨等。这类油墨基本上都是属于渗透干燥型油墨，在印刷过程中要注意附着不良、粉化、污脏等弊病的出现。

平版印刷用油墨包括种种胶印油墨、平版印铁油墨、平版光敏油墨、胶印热固型油墨等。平版印刷用油墨要求颜色的着色力、耐水性较高，具有良好的流动性及干燥速度。

凹版印刷用油墨包括各种照相凹版油墨、雕刻凹版油墨、凹版塑料薄膜油墨等。

丝网孔版印刷用油墨包括丝印油墨、丝网塑料油墨、油性誊写油墨、水型誊写油墨等。

除了上述几种常用油墨外，还有一些可以起到某种特殊效果的油墨，如微胶粒油墨、金银色油墨、荧光油墨、磁性油墨、安全防伪油墨、导电油墨、复写油墨、监视油墨、温度指示用油墨、显色油墨、食用油墨等。

二、印刷机

印刷机的种类很多，有各种分类方法，但主要从以下五个方面进行分类。

按印版类型分为凸版印刷机、平版印刷机、凹版印刷机、孔版印刷机。

按印刷幅面大小分为微型八开印刷机、小型四开印刷机、对开印刷机、全张印刷机、双全张印刷机。

按印刷纸张形式分为单张纸印刷机、卷筒纸印刷机。

按印刷色数分为单色印刷机、多色（双色、四色、五色、六色、八色）印刷机。

按印刷面分为单面印刷机、双面印刷机。

在各种印刷机中，虽分类方法很多，但其印刷过程施加压力的形式概括为三种，即：平压平型印刷机、圆压平型印刷机、圆压圆型印刷机。

1. 平压平型印刷机

平压平型印刷机是压印机构和装版机构均呈平面形的印刷机，印刷时，印版上与压印机构同时全面接触，如图2–4。印刷时印版承受的总压力很大，压印时间相对来说也较长，产品墨色鲜艳，图像饱满，但需要很强的压力，所以这种压印机构不适用于大型的印刷机。

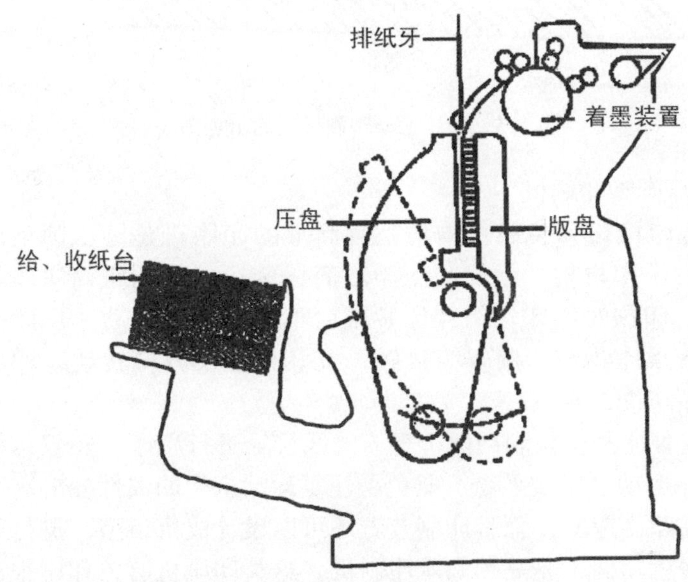

图 2–4　平压平型印刷机结构示意图

平压平型印刷机，只限于小幅面印刷，一般都小于四开，机器体积小，印刷速度较慢，生产效率不高，适用于小幅面的凸版印刷，如印刷书刊封面、彩色图片、包装用品等。这类机器有：圆盘印刷机、方箱印刷机，以及书版平压平型印刷机、打样机等。

2．圆压平型印刷机

圆压平型印刷机是压印机构呈圆筒形、装版机构呈平面形的印刷机。压印时，版台在压印机构下移动，压印机构在固定位置上带动承印物旋转实现印刷，如图2–5。印刷时，压印辊筒与印版平面不是面接触，而是线带接触，所以总的印刷压力较小，印刷幅面能做到较大，印刷速度比平压平型印刷机快，相对提高了机器的印刷效率，但由于版台往复运动，印刷速度仍受到限制，现在凸版印刷中常用此种印刷机印刷书刊。这类印刷机有一回转凸版印刷机、二回转凸版印刷机、停回转凸印刷机、平版打样机，雕刻凹版印刷机等种类。

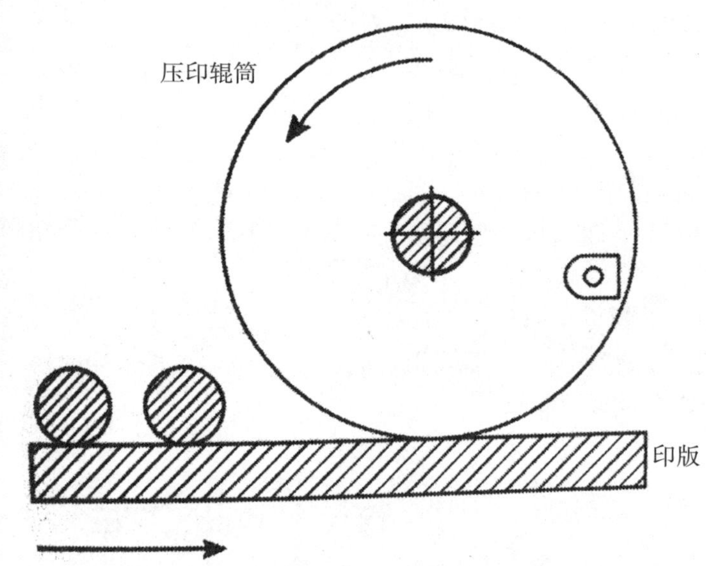

图 2–5　圆压平型印刷机结构示意图

3．圆压圆型印刷机

压印机构和装版机构均呈圆筒形的印刷机是圆压圆型印刷机。压印机构的辊筒叫压印辊筒，装版机构的辊筒叫印版辊筒，印刷时压印辊筒和印版辊筒不断做圆周运动，压印辊筒带着承印物与印版辊筒接触，互相以相反方向转动，印出印刷品（图2–6）。

这种印刷机是利用两个辊筒的线接触进行压印，不仅结构简单，运动也比较平稳，避免了往复运动产生的惯性冲击，可以提高印刷速度，而且印刷装置还可以设计成机组型，进行双面或多色印刷，是一种高效印刷机。这类印刷机有：印刷报刊和书籍的轮转机、平版胶印机、凹版印刷机和柔性版印刷机等。

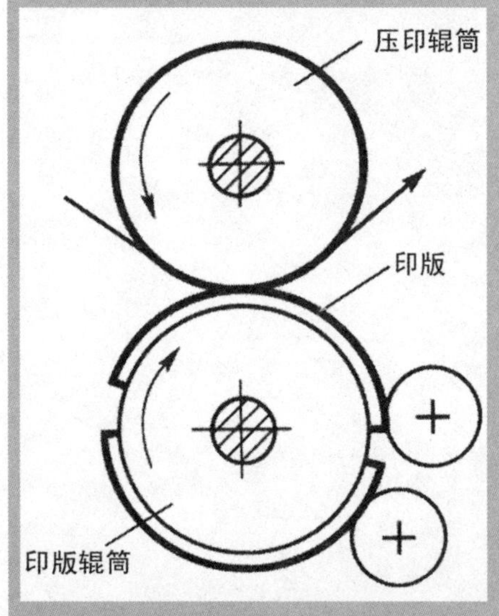

图 2–6　圆压圆型印刷机结构示意图

三、印刷纸张的规格和裁切

（一）开数与开本的概念

通常把一张按国家标准分切好的平板原纸称为全开纸。在以不浪费纸张、便于印刷和装订生产作业为前提下，把全开纸裁切成面积相等的若干小张称之为多少开数；将它们装订成册，则称为多少开本。

对一本书的正文而言，开数与开本的涵义相同，但以其封面和插页用纸的开数来说，因其面积不同，则其涵义不同。通常将单页出版物的大小，称为开张，如报纸，挂图等分为全张、对开、四开和八开等。

由于国际国内的纸张幅面有几个不同系列，因此虽然它们都被分切成同一开数，但其规格的大小却不一样。尽管装订成书后，它们都统称为多少开本，但书的尺寸却不同。如目前16开本的尺寸有：184mm×260mm、210mm×285mm等。在实际生产中通常将幅面为787mm×1092mm或31in×43in的全张纸称之为正度纸；将幅面为889mm×1194mm或35in×47in的全张纸称之为大度纸。由于787mm×1092mm纸张的开本是我国自行定义的，与国际标准不一致，因此是一种需要逐步淘汰的非标准开本。由于国内造纸设备、纸张及已有纸型等诸多原因，新旧标准尚需有个过渡阶段，目前裁切规格尺寸大度为：大16开本210mm×285mm、大32开本140mm×203mm和大64开本105mm×148mm；正度为：16开本184mm×260mm，32开本130mm×184mm、64开本92mm×130mm。

（二）常用纸张的开法与开本

1．原纸尺寸

常用印刷原纸一般分为卷筒纸和平板纸两种。

根据国家标准（GB147-89）卷筒纸的宽度尺寸为：（单位：mm）

1575 1562 1400 1092 1280 1000 1230 900 880 787

平板纸幅面尺寸为：（单位：mm）

1000M×1400 880×1230M 1000×1400M 787×1092M

900×1280M 880M×1230 900M×1280 787M×1092

其中：M表示纸的纵向。

允许偏差：卷筒纸宽度偏差为±3mm。

平板纸幅面尺寸偏差±3mm。

2．常用纸张的开法和开本

通常用户在描述纸张尺寸时，尺寸书写的顺序是先写纸张的短边，再写长边，纸张的纹路（即纸的纵向）用M表示，放置于尺寸之后。例如880×1230M表示长纹，880M×1230表示短纹。印刷品特别是书刊在书写尺寸时，应先写水平方向再写垂直方向。

为了书刊装订时易于折叠成册，印刷用纸如图2–7所示，多数是以2倍数来裁切。

未经裁切的纸称为全张纸，将全张纸对折裁切后的幅面称为对开或半开；把对开纸再对折裁切后的幅面称为四开；把四开纸再对折裁切后的幅面称为八开……。通常纸张除了按2的倍数裁切外，还可按实际需要的尺寸裁切。当纸张不按2的倍数裁切时，其按各小张横竖方向的开纸法，又可分为正切法和叉开法。

正开法是指全张纸按单一方向的开法，即一律竖开或者一律横开的方法，如图2–8所示。

叉开法是指全张纸横竖搭配的开法，如图2–9所示。叉开法通常用在正开法裁纸有困难的情况下。

除以上介绍的正开法和叉开法两种开纸法外，还有一种混合开纸法，又称套开法和不规则开纸法，即将全张纸裁切成两种以上幅面尺寸的小纸，其优点是能充分利用纸张的幅面如图2–10所示，尽可能使用纸张。混合开法非常灵活，能根据用户的需要任意搭配，没有固定的格式。

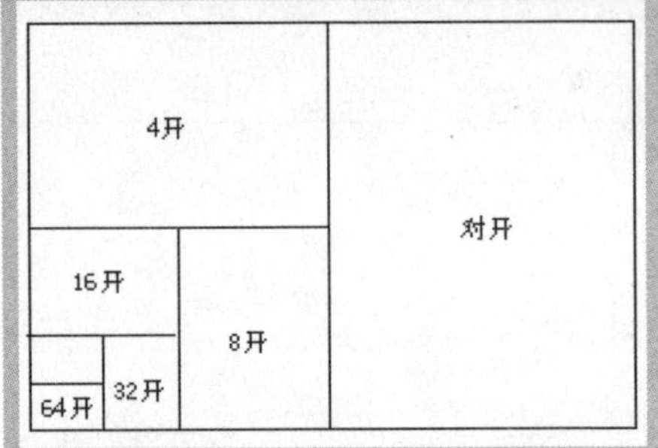

图 2–7　全张纸裁切方法的示意

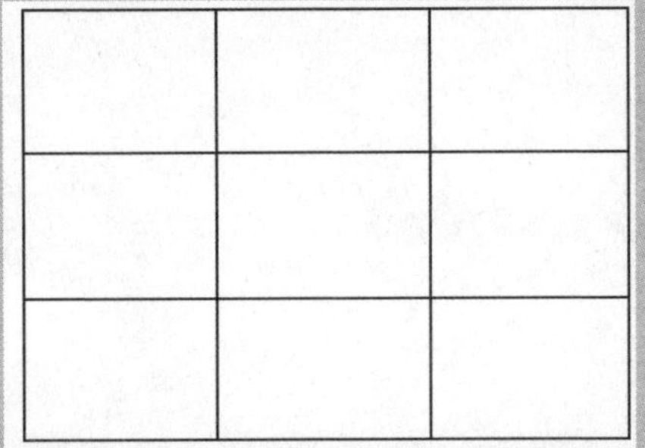
图 2–8　正开法示意图

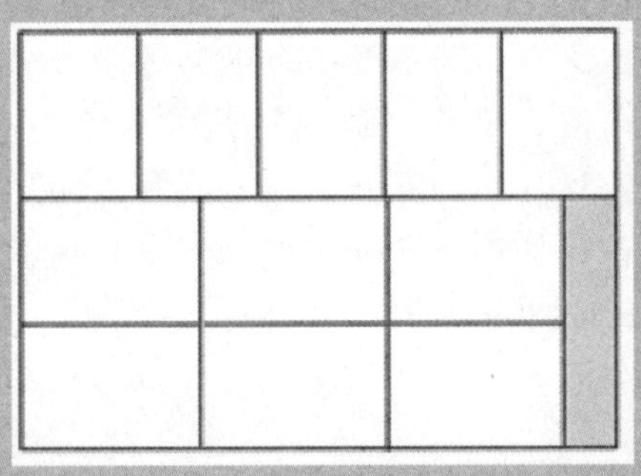
图 2–9　叉开法示意图

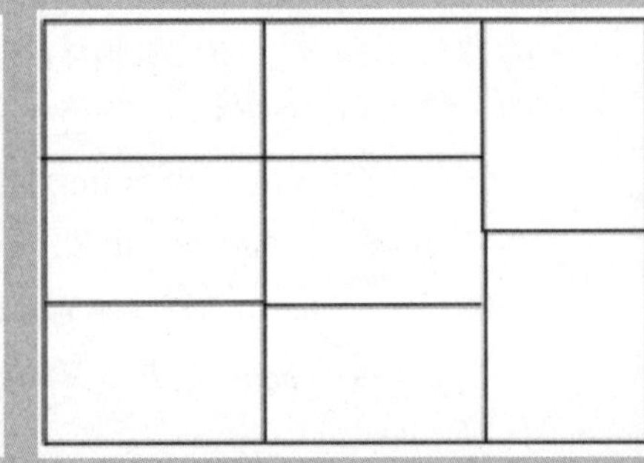
图 2–10　混合开纸法示意图

3．常用开本

（1）A度纸（印刷成品、复印纸和打印纸的尺寸）：

（2）RA度纸（一般印刷用纸，裁边后，可得A度印刷成品尺寸）：

纸度	英寸（inches）	毫米（mm）
RA0	337/8/8×48	860×1220
RA1	24×48/8	610×860
RA2	167/8×24	430×610

（3）SRA度纸（用于出血印刷品的纸，其特点是幅面较宽）：

纸度	英寸 / in	毫米 / mm
SRA0	337/8×48	900×1280
SRA1	24×337/8	640×900
SRA2	167/8×24	450×610

（4）B度纸（介于A度之间的纸，多用于较大成品尺寸的印刷品，如挂图、海报）：

纸度	英寸 / in	毫米 / mm
4B	783/4×1113/8	2000×2828
2B	555/8×783/4	1414×2000
B0	393/8×555/8	1000×1414
B1	277/8×393/8	707×1000
B2	195/8×277/8	500×707
B3	137/8×195/8	353×500
B4	97/8×137/8	250×353
B5	7×97/8	176×250

（5）C度纸［用于封装A度文件的信封、档案盒（夹）］：

纸度	英寸 / in	毫米 / mm
C0	316/8×51	917×1297
C1	251/2×361/8	648×917
C2	18×251/2	458×648
C3	123/4×18	324×458
C4	9×123/4	229×324
C5	63/8×9	162×299
C6	41/2×63/8	81×162
C7/6	31/2×63/8	81×162
C7	31/4×41/2	81×114
DL	43/8×85/8	110×220

第二节 印刷色彩与网点

一、印刷色彩基础

印刷设计术语中“四色印刷”这个概念，是因为印刷品中的颜色都是由C、M、Y、K四种颜色（图2-11）所构成的。成千上万种不同的色彩都是由这几种色彩根据不同比例叠加、调配而成的。其调配原理如同画油画、画水粉画的时候调色相同。

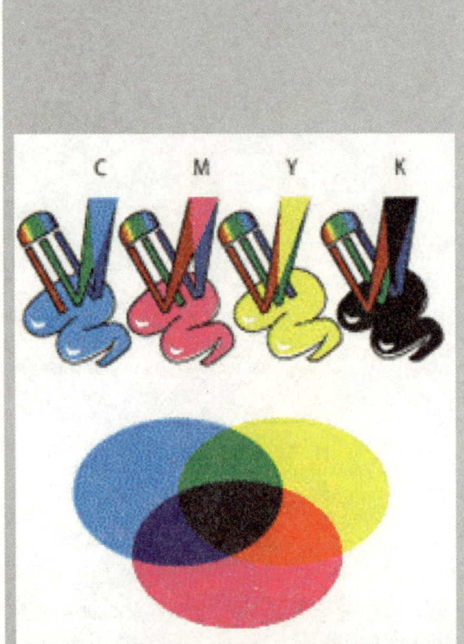

图 2-11 C、M、Y、K 印刷四色

通常我们所接触的印刷品，如书籍杂志、宣传画等，是按照四色叠印而成的。在印刷过程中，承印物（纸张）经历了四次印刷，印刷一次黑色、一次品红色、一次青色、一次黄色，完毕后四种颜色叠合在一起，就构成了画面上的各种颜色，这就是四色印刷的基本工艺原理。

同时“专色印刷”（图2-12），是指采用黄、品红、青、黑墨四色墨以外的其他色油墨来复制原稿颜色的印刷工艺，这种方法所调配出的油墨是按照色料减色法混合原理得到颜色的方法，这种方法调配出的色彩明度比较低，饱和度较高，包装印刷中经常采用专色印刷工艺印刷大面积底色，因为它更容易获得均匀的墨色和厚实的印刷效果。

图 2-12 专色印刷稿

印刷品中文字的色彩都是通过印版多色套印完成的，字号比较大的文字可以通过四色套印形成各种色彩变化，这是因为大号字体的笔画粗的缘故，即使在印刷中有稍微的走板，套印不是很准确，字的边缘有色边的形成，也不会对文字的视觉效果和阅读形成很大影响。大号文字无论采用什么颜色印刷都可以套印准确，而小号字体不同，因为小号字体不能使用过多颜色套印（尤其是小于12P字号的文字），最好不使用多色套印，否则容易产生字体重影，影响视觉效果。如果因为版面设计需要，一定要使用彩色字体的话，一般使用单色印刷（C、M、K色）。

另外，段落文本的色彩处理也要注意，如果是黑色单色设计，在分色处理时，一定要将文字的CMYK值设置成C0、M0、Y0、K100（图2-13），这样印出的文字才是纯黑色。如果要印刷彩色段落文字，则选择单色为好，这样可以避免出现套印不准而有重影现象发生。但美术字可以在矢量图软件中按图形处理方式曲线化后再进行制作，和图形的处理方式相同。

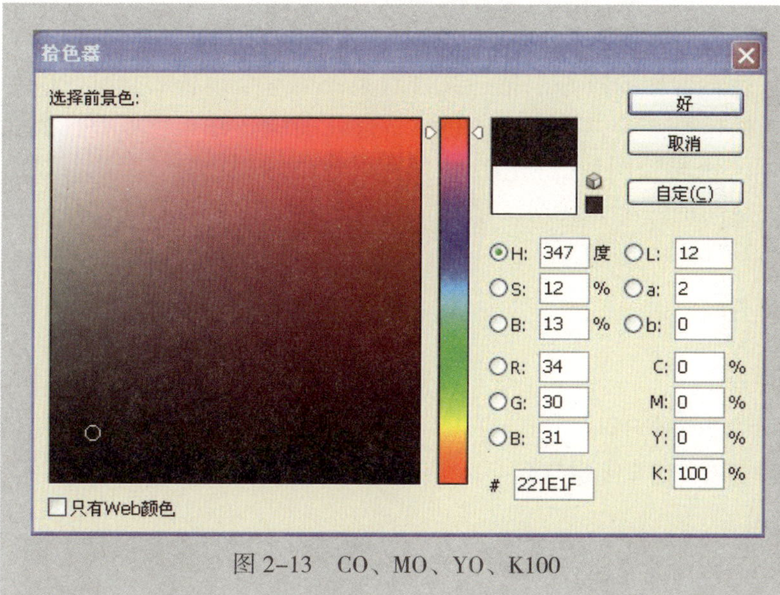

图 2-13　C0、M0、Y0、K100

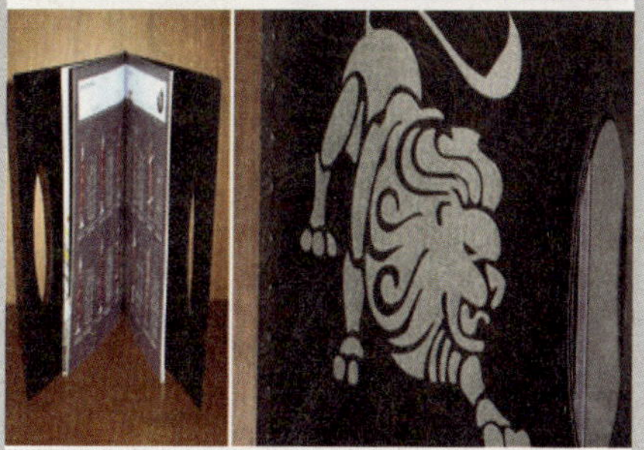

图 2-14　“文字反阴”

在设计过程中，经常看到深底色上出现浅色文字的设计表现效果，这种方法在印刷中称“文字反阴”（图2-14）。文字反阴印刷是印刷设计中经常使用的方法，四色印刷中没有白色油墨，印刷成品中的白字要通过深底色镂空，留出白色纸形成白字。大的字体在反阴印刷中不会出现问题，小字体如果要反阴印刷，就要选择好合适的字体（选择字体较粗的字体如黑体，不要选择笔画比较细的字体，如宋体、仿宋体等）。这是因为墨的特性所决定的，在印刷过程中墨产生流变性，底色墨层会对浅色墨层有轻微的渗透，这会使笔画过细的字体形成断续的现象，从而影响印刷质量。

二、色彩管理

色彩管理系统（CMS）作为当前印前系统发展的一个重要方向，已为众多印刷界及相关领域的人士所认知，它的诞生和发展与桌面现版和数字印刷息息相关。由于桌面出版系统的开放式环境使色彩在复制过程中牵涉到不同的设备和介质，而这些设备和介质之间又存在着不确定的关系，使得图像色彩从原稿到显示器，再到最终印刷品，很难保持一致。因此，色彩管理已越来越为广大软件开发商和业内人士所重视。

（一）色彩管理系统的工作流程分析

从某种意义上讲，色彩管理是一个关于色彩信息的正确解释和处理的技术领域，即管理人们对色彩的感觉；客观地说，就是在色彩失真最小的前提下将图像的色彩数据从一个色空间转换到另一个色空间的过程。

在整个图像复制工艺中，所涉及到的设备都具有其自身表现的色彩能力，即不同的色空间（图2–15）。色彩管理的主要目的就是实现不同色空间的转换，以保证同一图像的色彩从输入到显示、输出中所表现的外观尽可能匹配，最终达到原稿与复制品的色彩的和谐一致。建立设备的色彩描述文件（profile）是色彩管理的核心，描述文件对系统中每个设备的具有代表性的颜色特征加以描述，如色度特性化曲线、输出色域特性曲线等，色彩管理系统利用这些具有代表性的颜色特征实现各设备色空间的匹配和转换，最终达到所见即所得色彩管理过程，如图2–16。

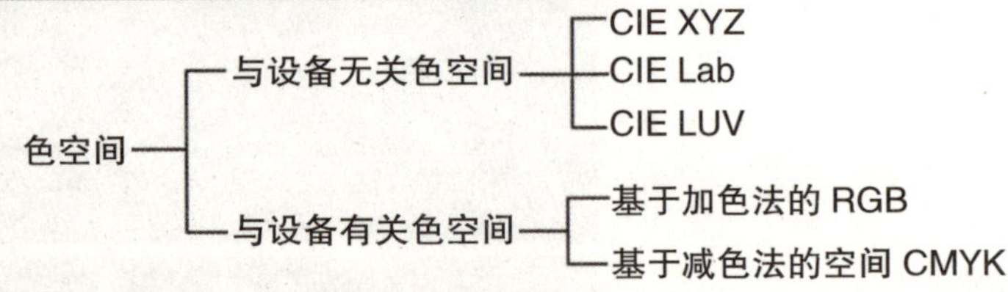

图 2–15　色空间示意图

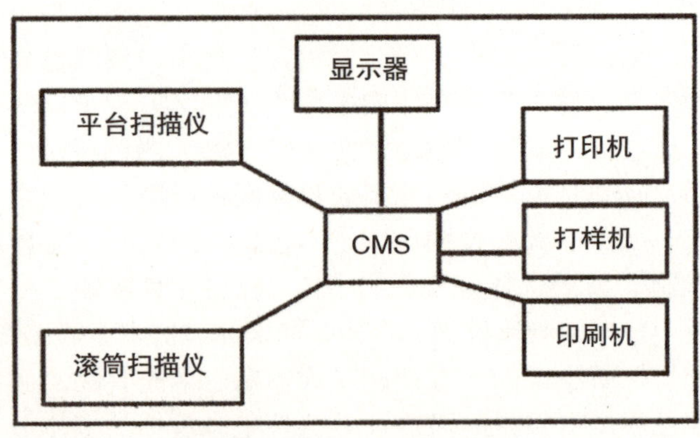

图 2–16　色彩管理过程示意图

（1）对扫描仪做色度特性化，建立扫描仪的色彩描述文件；对照输入图像的RGB值，依据描述文件转换到标准色空间。

（2）对显示器做色度特性化，建立显示器的描述文件，通过CMS转换到标准色空间。

（3）对输出设备进行色域特性化，建立输出设备的描述文件，依据描述文件，把CMYK网点百分比转换到标准色空间。

（4）输入、显示和输出设备都处在同一标准色空间下，从而获得统一的颜色外观。

（二）色彩管理的要素

进行色彩管理必须遵循一系列规定的操作过程，才能实现预期的效果。色彩管理过程有三个要素，简称为“3C”即“Calibration”标准、“Characterization”特性化及“Conversion”转换。

1．标准

为了保证色彩信息传递过程中的稳定性、可靠性和可持续性，要求对输入设备、显示设备、输出设备统一标准，以保证它们处于校准工作状态。

（1）输入校正　输入校正的目的是对输入设备的亮度、对比度、黑白场（RGB三原色的平衡）进行校正。以对扫描仪的校正为例，当对扫描仪进行初始化归零后，对于同一份原稿，不论什么时候扫描，都应当获得相同的图像数据。

（2）显示器校正　显示器校正使得显示器的显示特性符合其自身设备描述文件中设置的理想参数值，使显示卡依据图像数据的色彩资料，在显示屏上准确显示色彩。

（3）输出校正　输出校正是校正过程的最后一步，包括对打印机和照排机进行校正，以及对印刷机和打样机进行校正。依据设备制造商所提供的设备描述文件，对输出设备的特性进行校正，使该设备按照出厂时的标准特性输出。在印刷与打样校正时，必须使该设备所用纸张、油墨等印刷材料符合标准。

2．特性化

当所有的设备都校正后，就需要将各设备的特性记录下来，这就是特性化过程。彩色桌面系统中的每一种设备都具有其自身的颜色特性，为了实现准确的色空间转换和匹配，必须对设备进行特性化。对于输入设备和显示器，利用一个已知的标准色度值表（如IT8标准色彩图2–17），对照该表的色度值和输入设备所产生的色度值，做出该设备的色度特性化曲线；对于输出设备，利用色空间图，做出该设备的输出色域特性曲线。

在做出输入设备的色度特性曲线的基础上，对照与设备无关的色空间，做出输入设备的色彩描述文件；同时，利用输出设备的色域特性曲线做出该输出设备的色彩描述文件，这些描述文件是从设备色空间向标准设备无关色空间进行转换的桥梁。

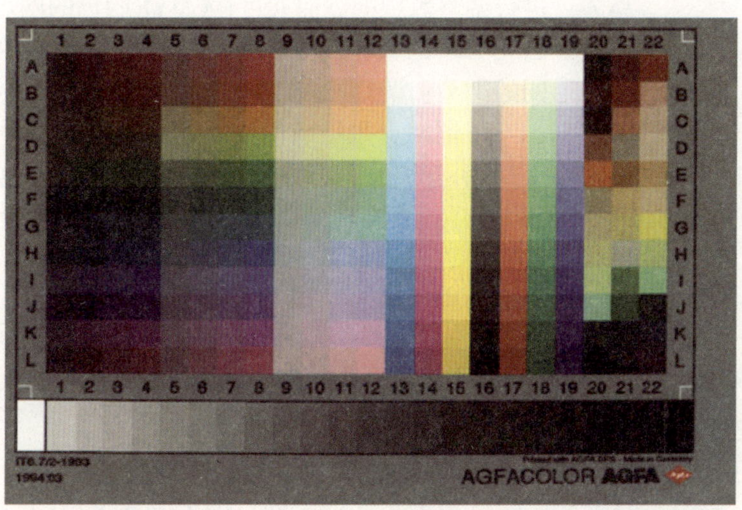

图 2–17　标准色彩

3. 转换

在对系统中的设备进行校准的基础上，利用设备描述文件，以标准的设备无关色空间为媒介，实现各设备色空间之间的正确转换。由于输出设备的色域要比原稿、扫描仪、显示器的色域窄，因此在色彩转换时需要对色域进行压缩，色域压缩在ICC协议中提出了4种方法：

（1）绝对色度法　这种方法使在输出色域内的颜色转换后保持不变，而把超出输出色域的颜色用色域边界的颜色代替。对于输出色域和输入色域相近的情况，采用这种方法可以得到理想的复制。

（2）相对色度法　这种转换方法改变白点定标，所有颜色将根据定标点的改变而做相应改变，但不做色域压缩，因此所有超出色空间范围的颜色也都被色域边界最相近的颜色所代替。用这种方法可以根据印刷用纸的颜色高速定标白点，适合于色域范围接近的色空间转换。

（3）突出饱和度法　这种方法追求高饱和度，对饱和度进行非线性压缩。这不一定忠实于原稿，其目的是在设备限制的情况下，得到饱和的颜色。

（4）感觉性　这种方法在进行色域映射的同时，还要进行梯度优化。它保持颜色的相对关系，也就是根据输出设备的显色范围调整转换比例，以求色彩在感觉上的一致性。

三、网点

印刷过程中图像的阶调层次是图像处理的重要因素之一，所谓图像的阶调层次是指图像中明暗变化，图像中越亮的地方，光学密度值越小，反之越大，图像的阶调层次是以印刷中最小的印刷单元：网点来实现的。

在印刷过程中，连续调和半色调图像都是由网点的疏密来进行调整表现的。而通过将CMYK四色的网点混合，则可以表现出无穷多的颜色。目前在印刷工艺中使用的网点主要有两种不同的类型：调幅网点（AM）和调频网点（FM）。

调幅网点是目前使用的最为广泛的一种网点。它的网点密度是固定的，通过调整网点的大小来表现色彩的深浅，从而实现了色调的过渡。在印刷中，调幅网点的使用主要需要考虑网点大小、网点形状、网点角度、网线精度等因素。调幅网点是目前使用的最为广泛的一种网点。它的网点密度是固定的，通过调整网点的大小来表现色彩的深浅，从而实现了色调的过渡。在印刷中，调幅网点的使用主要需要考虑网点大小、网点形状、网点角度、网线精度等因素。

1. 网点大小

网点大小是通过网点的覆盖率决定的，也称墨率。一般习惯上喜欢用“成”作为衡量单位，比如10%覆盖率的网点就称为“一成网点”、覆盖率20%的网点称为“二成网点”另外，覆盖率0%的网点称为“绝网”，覆盖率100%的网点称为“实地”。

印刷品的阶调一般划分为三个层次：亮调、中间调、暗调。亮调部分的网点覆盖率为10%~30%左右；中间调部分的网点覆盖率为40%~60%；暗调部分则为70%～90%。绝网和实地部分是另外划分的（图2–18）。

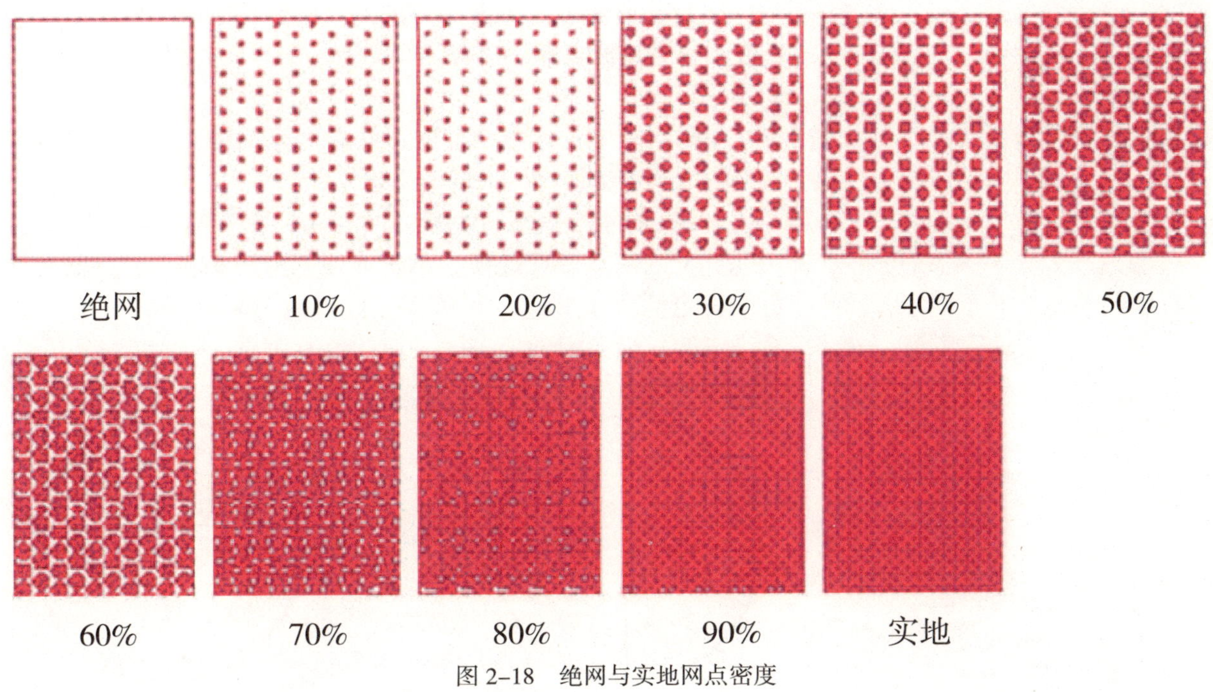

图 2–18　绝网与实地网点密度

2. 网点形状

印刷中的网点形状不只是想象中的仅圆形一种，以50%着墨率情况下网点所表现出的形状来划分，可以分为：方形、圆形、菱形三种（图2–19）。

方形　　圆形　　菱形

图 2–19　网点形状

（1）方形网点　在50%覆盖率下，成棋盘状。它的颗粒比较锐利，对于层次的表现能力很强。适合线条、图形和一些硬调图像的表现。

（2）圆形网点　无论是在亮调还是在中间调的情况下，网点之间都是独立的，只有暗调的情况下才有部分相连。所以它对于层次的表现能力不佳，四色印刷中比较少采用。

（3）菱形网点　综合了方形网点的硬调和圆形网点的柔调特性，色彩过渡自然，适合一般图像、照片的表现。

3．网点角度

印刷制版中，网点角度的选择有着至关重要的作用。选择错误的网点角度，将会出现干涉条纹。

常见的网点角度有90°、15°、45°、75°几种（如图2-20）。45°的网点表现最佳，稳定而又不显得呆板；15°和75°的角度稳定性要差一些，不过视觉效果也不呆板；90°的角度是最稳定的，但是视觉效果太呆板，没有美感。

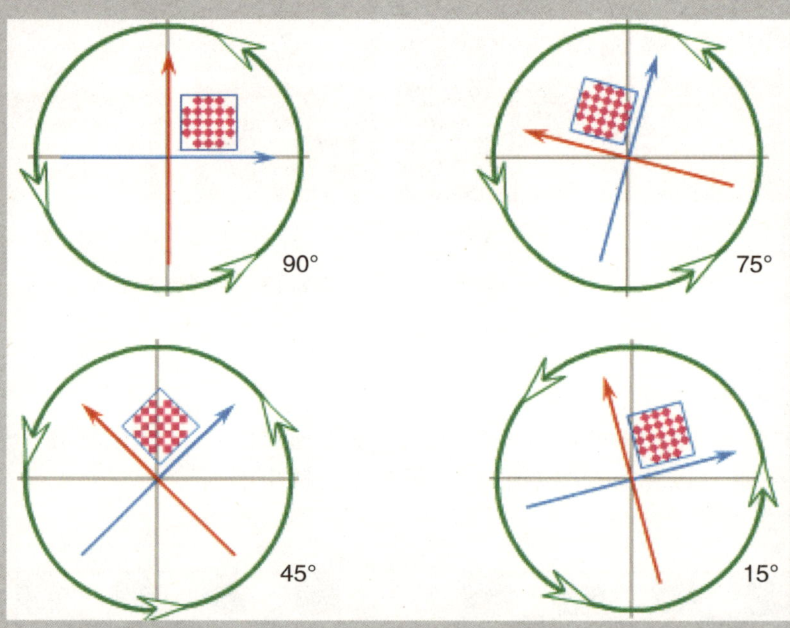

图 2-20　网点角度

两种或者两种以上的网点套在一起，会有相互的干涉，当干涉严重到影响图像美观时，就会出现俗称的"龟纹"。

一般来说，两种网点的角度差在30°和60°的时候，整体的干涉条纹还比较美观；其次为45°的网点角度差；当两种网点的角度差为15°和75°的时候，干涉条纹就会有损图像美观（图2-21）。

4．网点线数

网点线数是指单位长度内所排列的网点个数，用线/in（LPI）或线/cm（LPC）表示。也称为"网屏线数"或"网目数"。

网线数的大小决定了图像的精细程度，类似于分辨率。常见的线数应用如下：

10～120线：低品质印刷，远距离观看的海报、招贴等面积比较大的印刷品，一般使用新闻纸、胶版纸来印刷，有时也使用低克数的亚粉纸和铜版纸。

150线：普通四色印刷一般都采用此精度，各类纸张都适用。

175～200线：精美画册、画报等，多数使用铜版纸印刷。

250～300线：最高要求的画册等，多数用高级铜版纸和特种纸印刷。

5. 调频网点

调屏网点是20世纪90年代以来新发展起来的一种加网方式，它和调幅网点不同之处在于：调屏网点的网点大小是固定的，它是通过控制网点的密集程度来实现阶调。亮调部分的网点稀疏，暗调部分的网点密集（图2–22）。

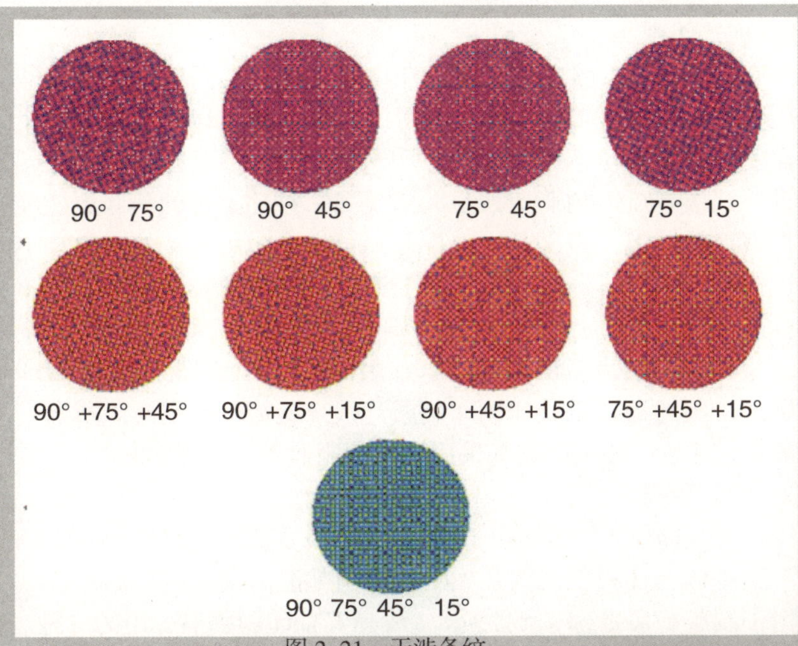

图 2–21 干涉条纹

图 2–22 调屏网点

第三节　印刷分类

一、印刷基本分类

1．活版印刷

文字多，相片及图画少，文字的更改机会多，印品数量不大——数百或数千之间的印刷品皆宜用活版印刷。印刷次数不宜超过三万，精细图片电版亦不宜超过七八万。印图片必须选用粉纸才能获得完美的网点，所以不能用廉价的纸张来印图片而希望取得精美的效果。用活版排线版表格时，线条的交接处容易分离脱节，这是常见的缺点。此外，施印时印压力太大或是压力筒表层太软都会使制成品印张的背面有浮雕似的凸起，这会大大减低印刷品的质素。

2．柯式印刷

柯式印刷（图2-23）与活版印刷最大的不同点是，活版印刷印网版图片必须选用表面光滑的纸质，柯式印刷却没有这个需要，只要纸质不过分粗糙。印网版效果比活版柔和，容易印得浑圆的网点。树脂版或尼龙版是另一种比上述的活版更能经得磨损的印版，印次可达一百万，可说是印版中最长寿的。不过，使用这类印版的方法已经与普通的柯式印刷方法略有不同，就是不用润湿系统，故取名为“干柯式印刷”。大致上印刷品中图片越多，图片面积越大，越宜用柯式印刷而不宜使用活版印刷。如上述，用柯式印刷印制图片效果比活版印刷好，所以一般彩色印刷、四色印刷都采用柯式印刷而不用活版印刷。

3．凹版印刷

凹版印刷（图2-24）适合印制高品质及价值昂贵的刊物，不论是四色还是黑白图片，凹版印刷都能高度相似摄影照片。由于制版费昂贵，印量必须大，故是五种印刷中最少用的一种。

4．丝网印刷

由于丝网印刷（图2-25）印墨特别浓厚，最宜用为特殊效果的印件，数量不大而墨色需要浓厚适宜。可以在立体物体上施印，如方形盒、箱、圆形樽、罐等。印底除了纸张外也可以印布、塑料制品、夹板、塑胶片、金属片、玻璃等，常用以印制锦旗、T恤、瓦楞纸盒、汽水樽、电路板等。上述的各类材料特点都是其他印刷方法所不能的。

5．胶纸印刷

胶纸印刷（图2-26）只适用于印刷胶袋、手抽、大小塑料包装制品。印张输入印机不是单张的而是卷装的，印后要逐张

图 2–23　柯式印刷产品

图 2–24　凹版印刷产品

图 2–25　丝网印刷产品

图 2–26　使用胶纸印刷的杂志页面

分切。印点、线的微细度远比不上活版和柯式印刷，可见胶纸印刷是不能用以印制书本刊物的。

二、特殊印刷

特殊印刷以印刷品材料所形成的不同来分类，当然它们仍然是利用凸版、平版、凹版、孔版四大版式为基础而加以发展变化的。我们一向是以纸张为基准作为表现的对象，但特殊印刷却能够利用各种不同的材料来表现，因此制版的方法及印刷的方法亦随之而异，例如以最基本的材料来看，玻璃纸、塑胶皮、人造绢纸、金属管、铝箔等均能以表现其独特的个性而存在。基于其产品独特的个性，并需特殊的设备及特殊的技术，如玻璃纸被用于包装食品，所以所使用的油墨必须慎重考虑，不能够和食品产生化学变化或是影响食品的味道。其他诸如印刷材料之不同而连带着依赖于新技术的产生是必然的。由于各种特殊印刷所表现的现象均超出一般人生活环境所见的，故被设计者所重视而加以利用，当然，有很多表现亦不得不选择特殊印刷的方法。

1. 铝箔纸印刷

铝箔是由铝块压延而成之薄片，如同纸张，通常其厚度约0.01～0.02mm，当压延到最后阶段时以二块同时压延，使其成为表里两面的铝箔。铝箔最主要的特性是防止潮湿气，并能有遮光作用，故应用最普遍者为香烟包装或胶片包装。有很多情况将铝箔背面贴上纸张或塑胶膜，则其用途更为广泛。

铝箔印刷（图2–27）大都采用凹版印刷方式，铝箔是卷筒式的，故印刷机便采用圆版圆压轮转机。一般大数量的包装或大数量印件都采用。由于其有防潮防湿的作用，所以通常应用于食品包装。

2. 赛璐珞纸印刷

赛璐珞纸其主要特性是防湿，而且光亮，故亦应用于食品包装上，非常美丽又卫生。赛璐珞纸分为透明与不透明两类。透明者为透明纸熔接塑胶膜，不透明者又分为三种：其一为

图 2–27　锡箔纸印刷产品

金属箔熔接塑胶膜，其二为纸张熔接塑胶膜，其三为透明纸和金属箔同时熔接塑胶膜。一般是以凹版印刷方法印刷，亦由于塞璐珞纸是卷筒式的，故其印刷机为轮转凹印机，如食品、纺织品、医药品、香烟、化妆品、机械零件、水果、海产品等的包装。赛璐珞纸印刷产品（图2–28）除了大多采用凹版印刷之外，也采用平版印刷式与绢版印刷式。

图 2–28　赛璐珞纸印刷产品

3．铁皮印刷

铁皮印刷（图2–29）在日常生活中，所见甚多，如罐头、糖果盒、食品包装等。由于金属铁皮本身是光亮材料，所以印上色彩更加艳丽。铁皮印刷一般均使用平版印刷方式，铁皮未印刷之前先以酸液清洗，然后再上一层防锈漆料即可进行印刷，等印刷完毕后再予加工制罐。当然，尤其在食品罐头方面，更需以特别处理，以免对装入的食品产生副作用。一般使用马口铁材料，马口铁便宜但易生锈，因此现在广泛采用铝皮材料。以铝块压延制成铝皮，再经内部加工处理后，就是最佳材料。一般欧美的啤酒罐装采用最多，其他保鲜类食品也广泛地使用，其前途不可限量。

图 2–29　铁皮印刷产品

4．软管印刷

软管印刷（图 2–30）是一种极为普遍的印刷方式。所谓软管是指软性金属，如铅、铝、锡之类，常见的有牙膏管、药膏管、颜料管等。由于所装入内容物质不同，所以内部以防止化学变化的涂料是极为重要的。软管印刷一般使用干式平版印刷方式，常采用的生产方式是先对软管内部进行处理，然后进行表面印刷，最后灌入内容物再进行包装，近几年用量极大，广泛用于日常生活。此种机器设备非一般性印刷机，而是专用设备。

5．塑胶软片印刷

塑胶软片是由各种合成树脂所产生的，由于种类甚多，极为混乱，但依一般印刷条件来看都没有太大问题，主要是必须考虑塑胶片的特性所产生的后果，即：

①印刷时机械张力伸缩性的多寡；

②油墨对非吸收面的影响；

③热度的收缩。

从印刷方法来看，使用最多的凹版印刷其色调丰美，油墨转移量很好，各种树脂溶剂使用方便，其他如平版印刷、凸版印刷、绢版印刷亦被利用。塑胶片印刷是单独印刷后再与其他胶片贴合而成，如以食品包装为例，其包装材料必须具有防湿、无臭、无味、防止透气等作用，另外自动包装机的型式及各种条件的配合，也能影响塑胶片印刷的质量。

6．立体印刷

立体印刷的印刷品经过加工处理后能使人看后产生立体感，这是印刷技术新开拓的领域，在未来展望中，是不容忽视的。立体印刷（图2–31）一般分为透过式与反射式两种。透过式是指立体印刷物的背面以荧光灯照射而在视觉上产生立体

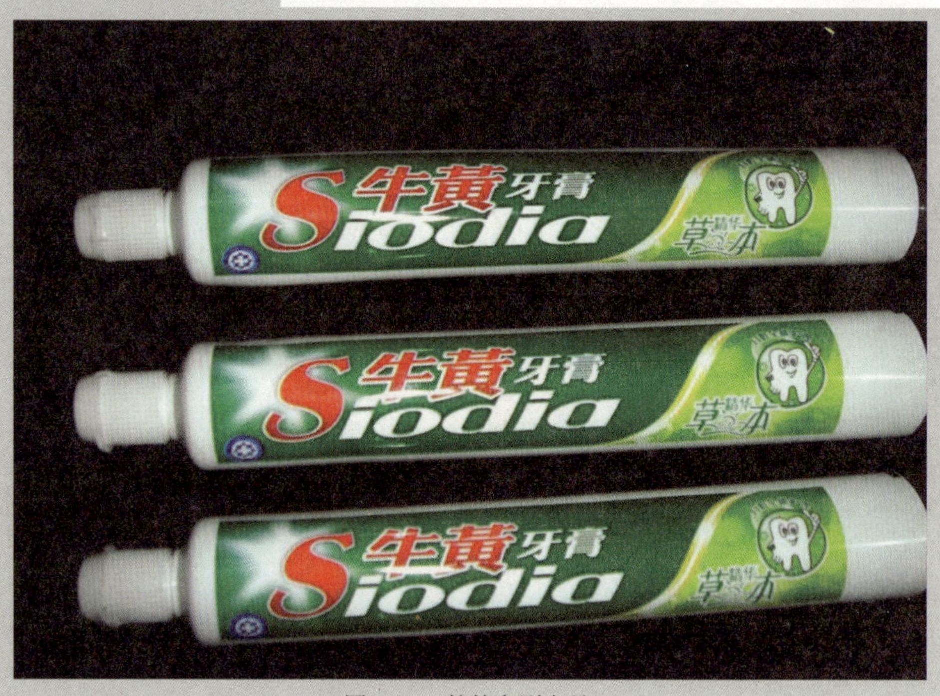

图 2–30　软管印刷产品

感。反射式则是在印刷物表面上贴上一层有折射作用的透明镜片，因而在视觉上造成立体感觉。透过式立体印刷是采用彩色软片或者塑胶软片为材料，以平版印刷印制而成。反射式立体印刷则以铜版纸等之类纸张，施行精密平版多色印刷，另外将透明塑胶制成波浪型透明镜片，再将此透明镜片放在印刷物上面密贴即成。立体印刷由原稿摄影到制版、印刷以及最后的贴合加工。最复杂的立体印刷甚至五层以上的多像重叠，基于技术的需要，在摄影时是采用两像式立体摄影法。总之，立体印刷是利用光学和印刷相互配合的产物，而产生的，让印刷物在视觉上产生立体的错觉亦是最主要的关键。

立体印刷由于其产品的特殊性，广为大家所喜爱，应用于广告媒体、风景明信片、年历卡、POP、标签、吊卡、扑克牌、火柴盒等，不胜枚举，值得研究开发。

图 2–31　立体印刷产品

7．磁性印刷

磁性印刷（图2–32）大部分用在有价证券、支票方面，具有避免蒙受假冒的功能，其主要是在印刷物下方以磁铁粉混合油墨印刷0～9等数字及符号。由于文字所产生的电波差不同，因此，构成分类处理上的鉴别。磁性印刷在支票上应用非常广泛。

磁性印刷所用的纸张本身就带磁性性质，在印刷时由于各数字及符号的油墨所负荷的电波差不同，因此，在印刷时与纸张磁性相吸而构成其不同的电波差而达其目的。磁性印刷在未来不仅是支票上之利用，甚至于其他有价证券均可使用。

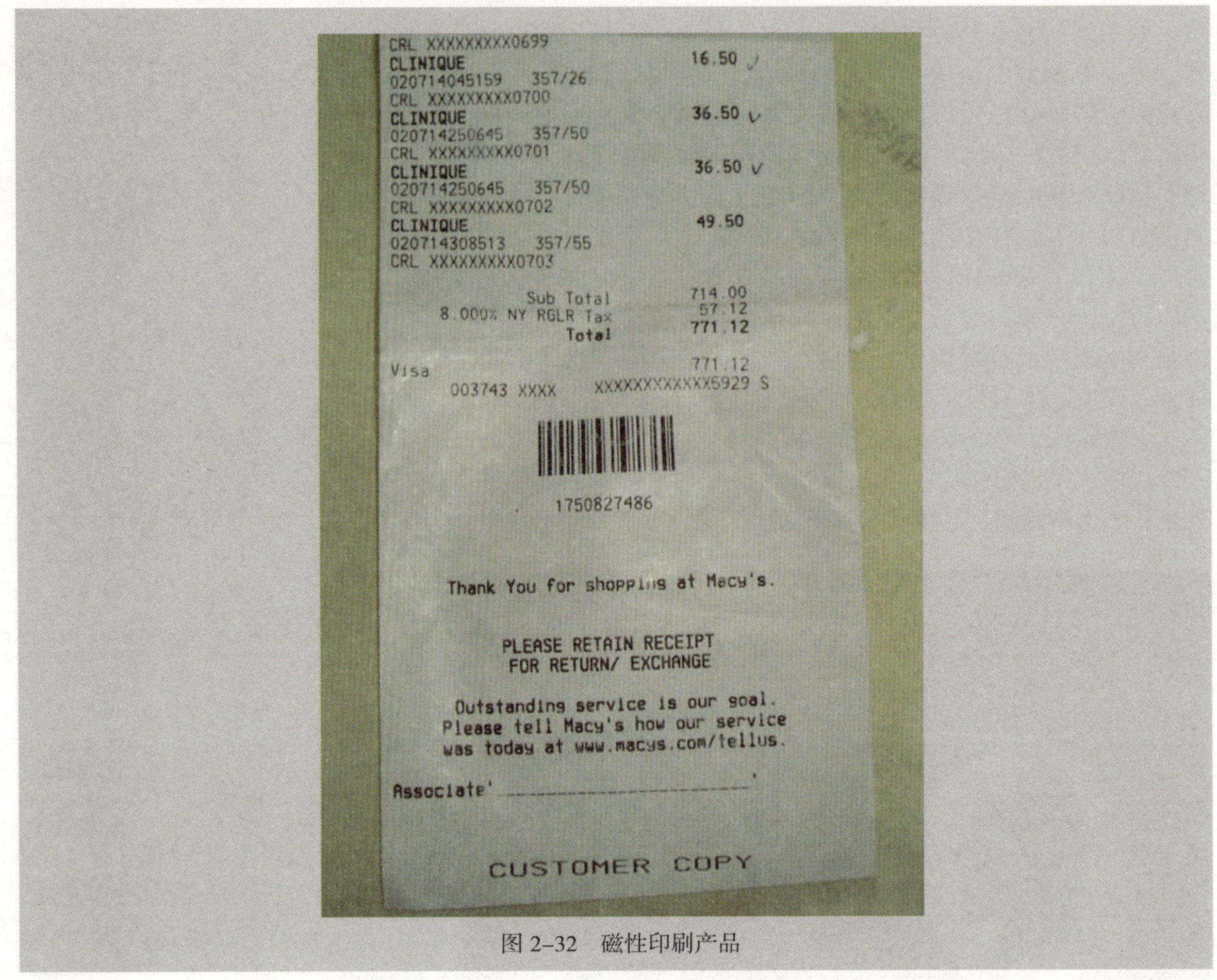

图 2–32 磁性印刷产品

思考与练习：

1．掌握常用纸张的开本和几种开法。

2．什么是四色印刷？

3. 了解印刷的基本种类。

4．简述印刷网点的种类及其特点。

第三章　印前图文处理

第一节　印前设计软件应用

印前设计应使用软件：

图像处理：Photoshop。

图形处理：CorelDraw、FreeHand、Illustrator三者择一。

排版软件：QuarkXPress、PageMaker、InDesign 三者择一。

注意：

不要用图形软件代替排版软件，尽管它们也有排版功能。但它们的输出稳定性有待提高，文件有可能无法输出。

软件的使用版本：

首先为了保证稳定性，所有英文软件都不要使用汉化版本，尽量使用英文原版，在稳定的前提下尽量使用高版本。

一、选择

（1）机器选择　尽量采用Mac机，PC机少用PageMaker排字，特别是竖排。

（2）软件选择　尽量少用PageMaker，特别是PC机，多用CorelDraw、Illustrator、InDesign。

（3）字库选择　采用常见的汉仪、方正字库，PC机PageMaker不能用方正字库，容易出现切字现象。

二、软件使用

1．PageMaker6.0/6.5C

（1）页面尺寸设置为成品尺寸，出血不要包含在页面以内，定位时到页面以外3mm即可。

例：成品尺寸：210×285，PageMaker设置页面：210×285，不是216×291（图3–1）。

（2）置入对象

①置入对象要选择“置入”（图3–2），不能采用“拷贝”“粘贴”方式，查看链接能够区分是否已经链接。

②可置入的文件格式有：tiff、eps、bitmap、txt等。

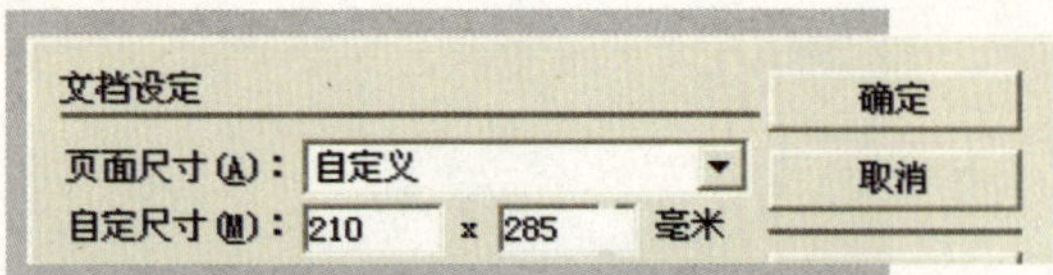

图 3–1　PageMaker 设置页面 210 × 285

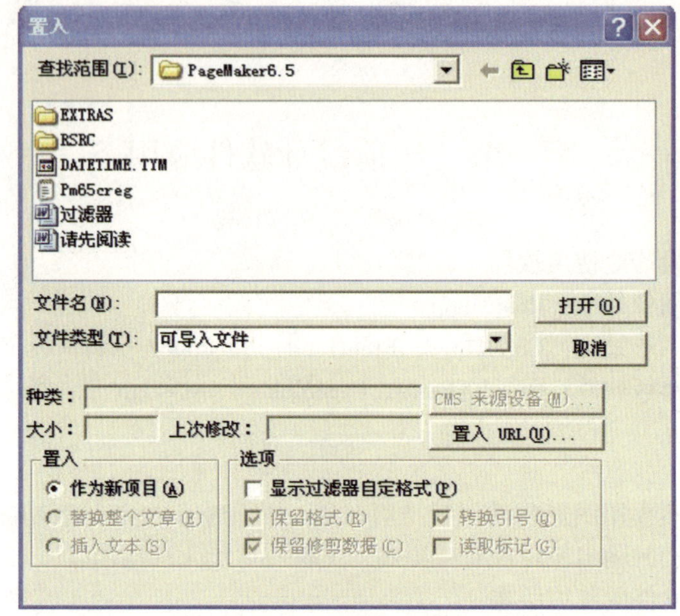

图 3–2　“置入”对象

③Photoshop文件分辨率太高时要存储为eps格式，否则会出现图像变形。

（3）文字处理

①文字最好用常见字体，中英文混排尽量使用复合字体。

②文本块对齐而空格不齐，建议使用TAB键进行缩排处理，中文字排版尽量不使用字间距，否则输出后容易变位，文字有空格时不能用强制齐行，容易跑位。

③英文排版每行末尾不齐时考虑用连字符“–”解决。

④中文排版PC机尽量不要用竖排，否则输出会偏位，尽量用横排，大面积竖排建议使用Illustrator、InDesign软件排版导出eps解决。

（4）颜色使用

①新建颜色要从定义颜色中定义（建议使用色标值），否则联版或拷贝后颜色会改变为默认颜色。

②置入的bitmap灰度图若为黑色，须单独定义套印黑。

③不要使用软件默认的套印黑（套印标记除外）。

（5）排版

①线条尽量用矩形框画，不用线条工具，否则旋转时易跑位。

②链接文件更改尺寸后不能更新，要重新置入，否则图像

会拉伸变形。

③图片对接时重合部位相互重叠0.1mm，防止出现漏白线现象。

2．Photoshop

（1）文档设置

①页面尺寸要考虑包含出血（每边3mm）白边可以不加，单位一般用mm。

②彩色图像颜色模式用CMYK，不能用RGB模式，灰度用GRAY模式（图3–3）。

③彩色图像分辨率不低于300dpi，不高于400dpi，bitmap分辨率在1200dpi。

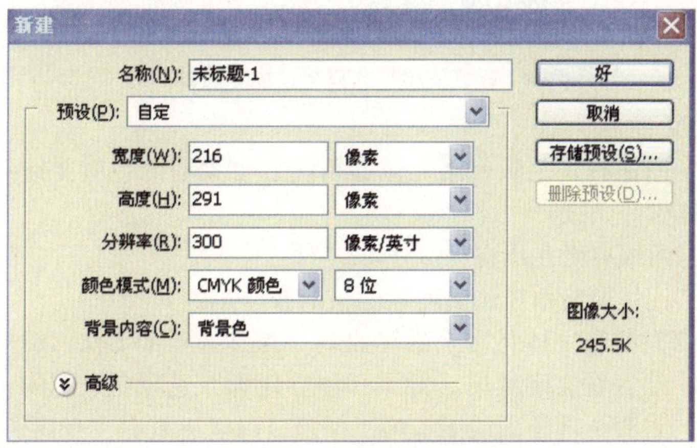

图 3–3 CMYK 模式

（2）可存储的文件格式有tiff、esp、psd、jpg等，一般设计完成后要保留psd格式以方便修改，输出时用tiff文件。

（3）检查实地色是否一致，特别是黄版，最好通过查看单色通道完成。

（4）渐变效果要进行加噪处理，数值为0.5 ~ 1。

（5）用Photoshop制作专色时要用英文命名通道名，存储为DCS2.O格式，注意需要作专色的位置，四色的图文要去掉，否则专色下面会出现四色内容。

3．Illustrator注意事项

（1）AI可以直接做角线

Ctrl+K 调出预设窗口，在“使用日式剪裁标记”前打上勾（图3–4），然后运用滤镜制作剪裁标志就可以作出比较正规的角线了。其颜色自己定义为Registration，这个角线无论在四色还是专色都是可见的，并且角线已自动选上叠印填充。

如果是自己制作角线，注意事项：

①角线一般0.3pt（约0.1mm）长约3mm。

②有专色的图注意要用拼版标志线。

③四色版的角线应是四色黑（C100M100Y100K100）。

④单色版的角线用该单色的角线，如有Y色版，就做Y100

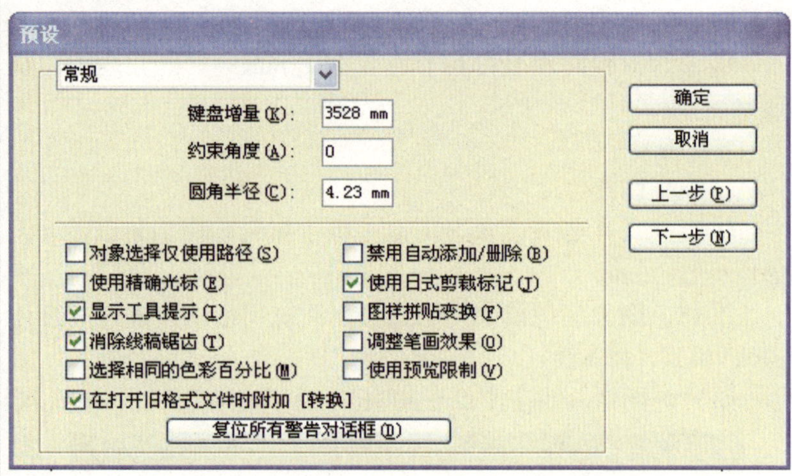

图 3-4 在“使用日式裁剪标记”前打上钩

的角线。

⑤记住有几色版就用几色的角线，如果有专色就要给每个专色都做好角线。

⑥角线要做在出血区域外。

⑦记住要给角线选上属性面板的叠印填色。

（2）检查字体是否全部转曲线。快速查看的方法：Ctrl+A全选，然后看文字菜单，如果“建立轮廓”选项是灰色的（图3-5），表明全部是曲线了。为了保险，可以再查看“查找字体”选项，看是否有列出字体，没有就说明全部转曲线了（图3-6）。

（3）渐变的问题。常见的问题是这样：如 红色→黑色 的渐变，设置错误：（M100 → K100）中间会很难看。正确的设置应该是这样：（M100 → M100 K100）仔细分析下就明白了，其他情况类推。黑色部分的渐变不要太低阶，如 5% 黑色，由于输出时有黑色叠印选项，低于10%的黑色通常会替代而不是叠印，导致出现问题，同样，使用纯浅色黑也要小心。

4. CorelDraw印刷输出注意事项

CorelDraw中图片的处理，一般导入CD的是PSD和TIF图，除了未合并为一层的PSD在导入CD后可以通过属性信息观察出来外，其他的已和合并的PSD、未合并的TIF、已合并的TIF 三种图在导入CD后，均不能区别。

由于导入的PSD图，在CD中做了旋转、镜像、改变大小、倾斜等动作后，容易在出片时出现破碎的情况，所以CD中的图片，只要是进行了旋转等动作后均要转位图才是最保险的。精

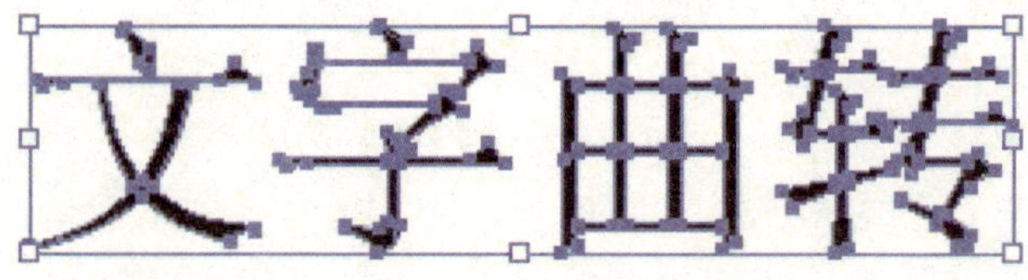

图 3-5 “建立轮廓”选项

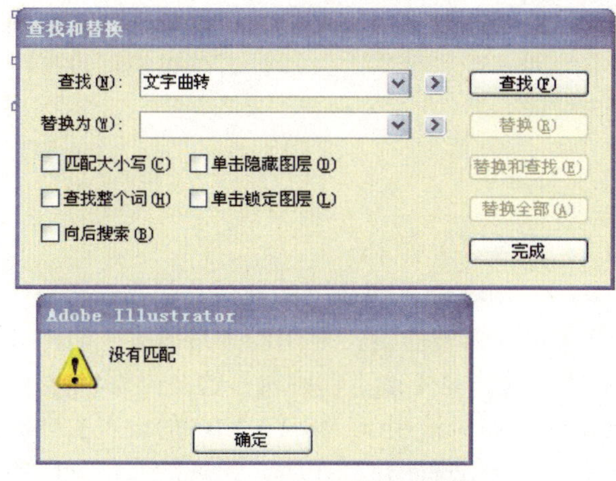

图 3-6　“查找字体”选项

确裁剪像框里的位图也是要注意以上问题，同时还要注意框架是否和图片是锁定的，如果不是，那么请锁定。一般有下拉阴影的位图不用转，只有在旋转、倾斜等动作后的可以转，转的时候要将图片和阴影一起选中再转。

RGB图片一般只要转变模式即可，只是在进行了旋转等动作后要转位图。物件的属性信息里，如果发现解析度两数值不同，那么说明在图片导入后有可能进行了倾斜和改变大小两种动作，这时就需要转位图。

第二节　文本录入

一份印刷原稿往往由文字和图像组成，在文字方面需要明晰文本的录入，其形式有多种，可以进行文本编辑，也包括对所提供的文本的调整，来顺利完成文本的录入。

一、文本编辑

1．编辑方式

可以用“文字工具”在需要文本处进行编辑；也可用“区域文字工具”，先创建要填充文本的区域，再在区域内输入文字；再者，可用“路径文字工具”，先创建需要填充文字的路径，再在路径上编辑文字即可。

2．字体、字号、行距和字距

（1）字体问题　文字的字体分为汉字和外文字体两种，各自的种类众多，且特点不同，在印刷中运用字体时需要注意一些问题。

①美术字，要转曲线。

②带GB2312字体的字体不可以使用，这类字体在转换曲线后笔画交叉的地方会出现明显的镂空，方正美黑不转曲线也会出现上述情况。

③系统有时候会虚报差字，但打文件后，如果存盘按钮显示为灰色，就说明其实不差字体。

④字体转曲线的时候死机，说明精确裁剪框里有美工文本，要注意。

⑤文本内容在输入的时候是在全角状态下敲入的空格。那么会发现输入的文字在出片后全没了，这时候应打开文件，用查找美术字来搜索一下，如发现有地方显示搜索到美术字，但全是一排小空心点。这就是上面说的在全角状态下敲入的空格出现的字体消失的问题。那么唯一的解决办法是，用中文和英文字体看看原来这里到底是什么字，然后还原文字，如果用中文和英文字体看的时候没显示有字，就表明这里只有空格，没有字，那么点DEL删除掉即可。

⑥轮廓字，可全选字体和轮廓一起分离后，字体转曲线。

⑦立体化的字也是一起选中后分离，字体转曲线，注意后面的立体图最好是转位图。

⑧带阴影的字。如果字体旋转了，请一起选中后分离了，字体转曲线，阴影转不转位图都可。

（2）字号　字号是文字的大小，常常分为两种：号数制和点数制，我国文字大小采用以号数制为主，点数制为辅的原则来进行度量。在文字处理中，点数和号数并存使用，两者之间有对应的折算关系。号数制用起来简单方便，无需关心字形的实际尺寸，但对于一些大字，号数制有限的号数也无法计量，所以计量单位比较小的点数制更适合文字处理系统对字形的计量。

（3）行距和字距　行距是指书刊、报纸等排版中正文每个字之间的距离。在文字编排中，正文的行距一般为字号的二分之一，当字号为5时，文段中行与行间的距离是五号字大小的二分之一大，因此，字号越大行距越大。

字距是指书刊、报纸等排版中每个字之间的距离。文字的字号越大，字与字之间的距离也越大，设计者可以根据设计的需要灵活设置字距。

二、文本调整

1. 黑色文字调整

当用了C100 M100 Y100 K100设置字的颜色，其实本意是想要黑字，但结果如果这样设置的话，显示的也是黑字，但出片后每个胶片上都有字，这样是不能上印刷机器的，因为4色叠印会出现套不准的情况。 而应该用C0 M0 Y0 K100的设置去印制黑字，这样印刷时就不会出现四色套印时，出现的文字套印不准的情况。

2. 小字的处理

细小的文字（小于八点）应该避免使用多色套印，很可能会因为套印误差使文字模糊不清。同时，细小的文字要避免选择笔画太细的字体，如宋体、仿宋体，以避免因笔画太细在印刷中造成丢失或字迹不全。另外，细小文字的设计要避免使用金、银墨，金、银墨的颗粒较粗，印刷时易发生字迹糊版、粘脏等问题。

3. 文字编排问题

当需要将文字印在图片上时，应在浅色背景上叠印文字，在深色背景上反白。需要注意的是不在深度大于百分之三十的背景上叠印，也不在深度小于百分之三十的背景上反白。不要编排大段的反白字，不要将反白字印刷斜体，以便阅读简单。

4. 文字的跨页处理

跨越书的订口安排文字时，要选用笔画少，字体粗大的文字，以减小折叠和裁切造成的文字错位问题。在处理跨页文字时要注意装订方式的选择，如果是骑马订，文字要尽可能靠跨页版面的中间一些，名片、卡片、折页等，文字有意跨页或折叠线，会给设计带来趣味性。

第三节　图像的调整

印刷前的原稿与印刷后的成品相比是有差别的，为了使这种差别尽可能的缩小，实现忠实还原，需要在印制前对图像进行不同程度的处理。可以说图像的调整在印刷呈色方面起着十分重要的作用。由于人们的审美习惯不同，在对图像进行调整时可能把握的程度不同，应该遵守的原则：一是忠于原稿，二是忠于视觉习惯。

一、图像清晰度与层次调整

（一）图像清晰度调整

在图像调整中，需要用锐化工具来提高图像清晰度，从加网工艺看，锐化工具有消除由于加网而出现的层次损失的作用，因此，锐化是印前处理中必须的一步。锐化程度与原稿图像的类型及缩放倍率有关。

1．USM锐化工具

一般是在图像不清晰时才用USM锐化（图3-7）进行清晰度强调，但并不少强调程度越高越好，强调过度会给图像带来白边。

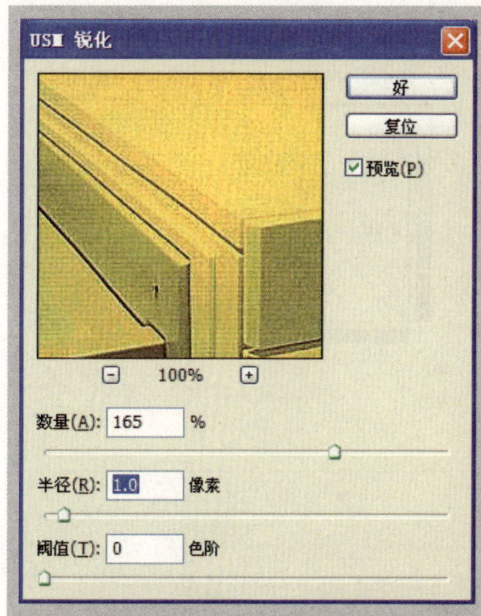

图 3-7　USM 锐化

（1）虚蒙量的设置表示参加运算的像素之间变深变浅的剧烈程度，即沿着边缘产生的对比度增强的程度。在Photoshop中，这个数值的范围可以在0～500%之间任意选取，选值越大强调效果越明显，应依据原稿内容属性及印刷效果而定。

（2）半径选项表示符合锐化条件的某个像素在锐化时，使周围的多少个像素同时参加运算，也就是虚蒙作用完成后像素的亮度在多大半径的范围内实现边界的亮度过渡。在Photoshop中，半径取值越低，产生的清晰边界效果越好；半径过大，则产生更高对比度的宽边界效果，使图像变粗糙，失去自然风味。因此，操作时，对低分辨率的图像，选取较小的半径值，对高分辨率的图像，选取较大的半径值。

（3）阈值是指参加锐化的相邻像素点的反差范围，以确定锐化强调的范围。

2．USM锐化要点

清晰的图像是指图中的细节清楚，层次表现的完善。不同类型的图像，其清晰度的强度是有区别的。通常，人物图像锐化度小一些，阈值要高一些，半径值较低，以体现肤色的柔和和细腻；对国画类原稿，锐化量要小，阈值设置要低，半径取值可较大；风景稿的锐化度可大一些；对于金属质感的图片稿件，锐化量要大，阈值设置要较低，半径取值可以较大，以突出特征和质感。图像越大，锐化度要越大；放大倍数越高，锐化程度也要越深。

需要注意的是要控制好扫描图像的清晰度，这是清晰度控制的关键，是基础，关系到后面的图像清晰度的整体质量的处理。

（二）图像层次的调整

层次是评价印刷品质量的重要指标之一，层次的调节是指在图像复制工艺过程中，对诸多因素对层次传递所造成的影响进行必要的补偿，以获得满意的层次再现。图像可分为几个层次，即高光调、中间调、暗调。从印刷网点百分比大小来说，

0～30%的网点属于高光调，30%～70%的网点属于中间调，70%～100%的网点属于暗调。

图像层次调整的目的首先是要满足印刷要求，根据报纸印刷网点增大率高的特点，对网点的增大进行补偿，将主要层次集中在中间区域，即20%～60%的视觉敏感区，使原稿的阶调最大限度地与印刷所能再现的阶调相对应，以使图像清晰真实。其次，根据原稿内容及层次分布情况，保证重要部位阶调的准确，如人物的衣服、脸部等一定要层次清晰，脸部层次差不应小于15%。另外，调整极高光或极暗调的数值，不可大面积绝网，图像网点阶调一般控制在2%～95%之间。

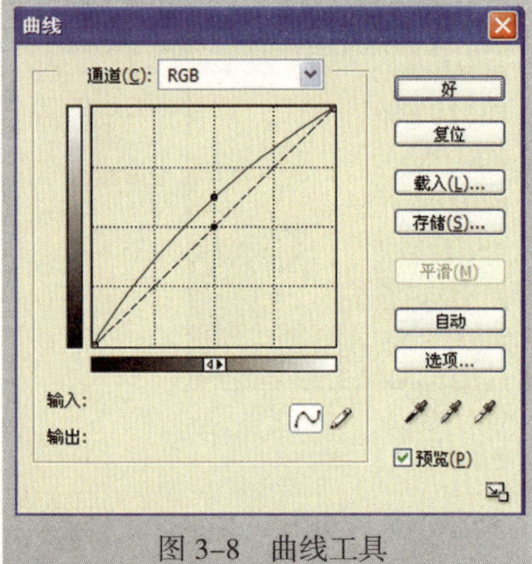

图 3-8　曲线工具

1. 校正工具的性能及用途

（1）曲线调整工具　曲线工具是最完善和灵活的映射关系调整工具，在Photoshop中的显示（图3-8）。

在曲线框中，下方的横线代表原始数据轴，左边的竖线代表映射转换后的数据轴。绝大多数的图像处理工作都可以用此工具来完成。图像数值大则图像亮度高，图像数值小则图像亮度低，曲线段平均斜率大的区域层次拉开，反之，层次压缩。

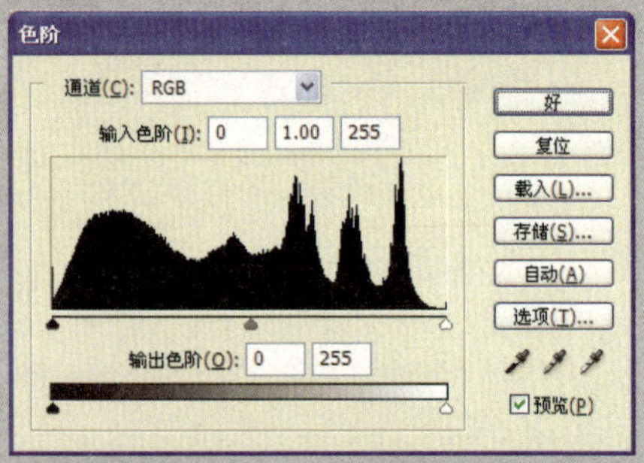

图 3-9　色阶工具

使用指数的映射调整关系来对图像进行明暗、层次、对比度的变化调整效果较好。如果加亮中间调，那么会使图像中较暗和较亮部分加亮，同样，如果使中间调变暗，那么较暗的和较亮的图像部分也会变暗。应该注意的是，在调节一般图片时不可将亮调调到没有网点的白炽亮度，就像曝光过度一样，暗调也不要暗到使暗部细节或层次消失成一片黑的程度。

图 3-10　亮度 / 对比度工具

（2）色阶工具　在Photoshop中，色阶工具（图3-9），从白到黑的所有阶调通过沿着直方图底部的阶调灰级轴依次显示，在哪一阶调上的条柱越高，图像中该阶调的像素也就越多。如果像素分布的区域偏向暗调，说明图像属于暗调图像，同样的道理，也可得到中间调图像和高调图像。在色阶中，带有调整图像明暗极点和中间调的调整按钮（小三角形），可以利用它直接改变极点的位置，以及用它实现对中间调按钮的调整，来改变图像的Gamma值。

（3）亮度/对比度工具　亮度工具主要是改变图像整体的明暗层次，对比度是改变图像色彩灰度的反差（图3-10）。

用对比度调节图像时，当输入的值是正值时，图像亮调部分的网点百分比减小，暗调部分的网点百分比增加，使图像的对比更加强烈；当在对比度对话框输入负值时，图像亮度部分的网点百分比增加，而暗调部分的网点百分比就会减小，图像的对比也就越弱。

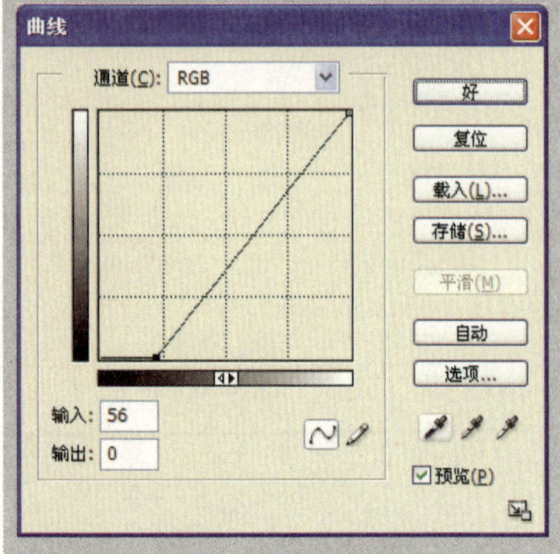

图 3-11　曲线调整

2. 层次校正方法

（1）网点增大的补偿校正　网点增大会使印刷和打印的图像变得层次较暗和颜色较深，特别是中间调的这种效果最明显，因此，需要对网点增大的情况进行相应的调整。

用曲线工具来校正图像中的数据是最快和容易的方法。如图3-11所示，如果网点增大为10，则对色调曲线上50%的点设置控制点，将该点调到40%的调子处。这样扫描和加工的图像在中间调上比原图要亮一些。

另一种补偿方法是以EPS格式存储输出传递曲线，并在输出时由RIP做出校正处理。在Photoshop中，选择文件/页面设置，再选择传递函数按钮，则有类似于曲线的映射工具，可以按不同色调校正要求的网点百分比，然后选择EPS存储格式并点击传递函数按钮，以EPS格式存储。

线的暗调滴管，点击图像暗处，将它映射到暗处，从而拉开图像的层次，增强图像对比度（图3-12）。

（2）曝光不足的校正　这种图像整体偏暗，层次压缩在暗调部分没有展开，因此无法达到较好效果，针对此情况的校正如图3-13，利用高光滴管工具选择图像中相对亮的灰调高光部分重新设置高光极点，使图像的层次扩展到整个色调范围，图像中昏暗部分的细节就明显起来。

（3）增强亮调层次、压缩暗调层次以及增强暗调层次、压缩亮调层次。前者的处理方法就是在映射曲线的中点位置处设置控制点，并向亮调处拉动，使直线变弧。这种处理方法一般用在高调层次为主的图像中，可以使亮调部分的反差和对比度增强。后者的处理方法与前者相反，用来扩展暗调层次的对比度，压缩亮调的层次，同时使整个图像变亮。

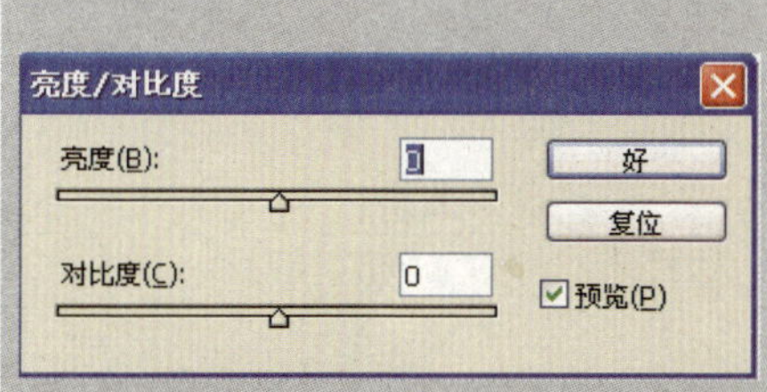

图 3-12　图像对比

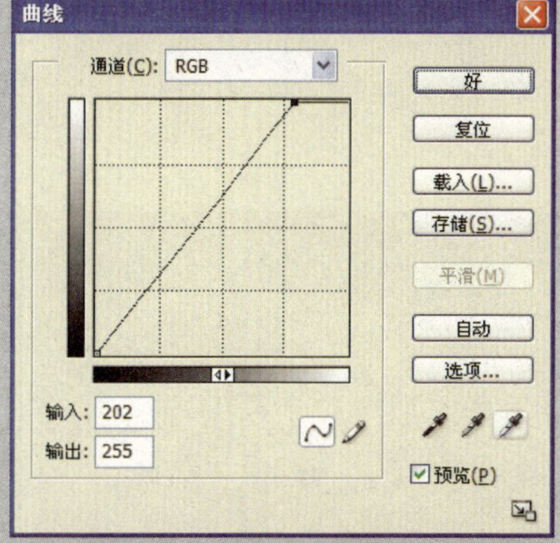

图 3-13　曲线调整

二、颜色校正

（一）Photoshop中颜色模式的转换调整

1. RGB色彩模式

用放大镜就近观察电脑显示器或电视机的屏幕时，会看到数量极多的分为红色绿色蓝色三种颜色的小点，如图3-14，图3-15是图3-14的局部放大。屏幕上的所有颜色，也就是我们看到的所有图像内容，都是由它们调和而成的。

图 3-14　RGB 色彩模式

在Photoshop中打开下面这幅图像（图3-16），按F8或从菜单【窗口>信息】调出信息调板（图3-17）。

然后试着在图像中移动鼠标，会看到其中的数值在不断地变化。注意移动到蓝色区域的时候，会看到B的数值高一些；移动到红色区域的时候则R的数值高一些。

电脑屏幕上的所有颜色，都由这红色绿色蓝色三种色光按照不同的比例混合而成的。一组红色绿色蓝色就是一个最小的显示单位。屏

图 3-15　RGB 色彩局部

图 3-16　原图

图 3-17　原图信息

图 3-18　R、G、B 三种色彩显示

幕上的任何一个颜色都可以由一组RGB值来记录和表达。那么，现在所看到的这幅图片实际上是由三个部分组成的（图3-18）。

这红色绿色蓝色又称为三原色光，用英文表示就是R（red）、G（green）、B（blue）可以把RGB想象为中国菜里面的糖、盐、味精，任何一道菜都是用这三种调料混合的在制作不同的菜时，三者的比例也不相同，甚至可能是迥异的，因此不同的图像中，RGB各个的成分也不尽相同。在电脑中，RGB的所谓“多少”就是指亮度，并使用整数来表示。通常情况下，RGB各有256级亮度，用数字表示为从0、1、2……直到255。注意虽然数字最高是255，但0也是数值之一，因此共256级。按照计算，256级的RGB色彩总共能组合出约1678万种色彩，通常也被简称为1600万色或千万色。也称为24位色（2的24次方）。

这24位色还有一种称呼是8位通道色，这里的所谓通道，实际上就是指三种色光各自的亮度范围，我们知道其范围是256，256是2的8次方，就称为8位通道色。从Photoshop CS版本（实际版本为8）开始增强了对16位通道色的支持，这就意味着可以显示更多的色彩数（即48位色，约281万亿）。

表达一种颜色可以用字母R，G，B加上各自的数值，如R32，G157，B95。有时候为了省事也略去字母写32，157，95（分隔的符号不可标错），那么代表的顺序就是RGB。

那么这些数字和颜色究竟如何对应起来呢，或者说，怎样才能从一组数字中判断出是什么颜色呢?

实际上，直接从数值中去判断出颜色对于初学者甚至是老手都是比较困难的。因为要考虑三种色光之间的混合情况，这需要一定的经验。不过这种能力并不是非具备不可的。对于单独的R或G或B而言，当数值为0的时候，代表这个颜色不发光；如果为255，则该颜色为最高亮度。这就好像调光台灯一样，数字0就等于把灯关了，数字255就等于把调光旋钮开到最大。

尝试思考一下：屏幕上的纯黑、纯白的RGB

值各是多少？

思考完之后我们打开Photoshop，调出颜色调板【快捷键F6】，并点击一下鼠标处的色块。这个色块代表前景色。另一个位于其右下方的色块代表背景色。Photoshop默认是前景色黑，背景色白，如图3-19。

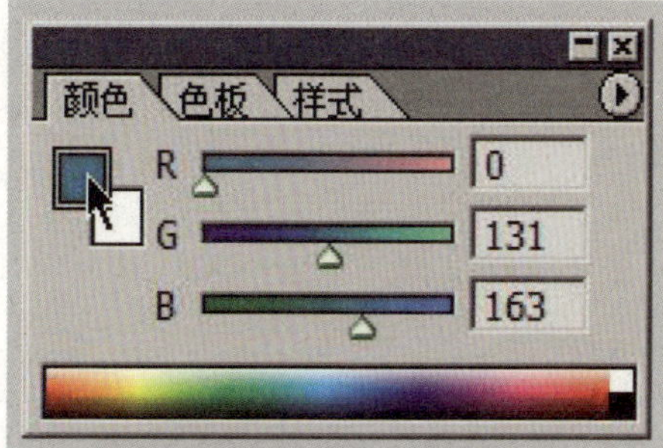

图 3-19　RGB 颜色调板

如果颜色调板中不是RGB方式，可以点击颜色调板右上角那个小三角形按钮，在弹出的菜单中选择RGB滑块，如图3-20。

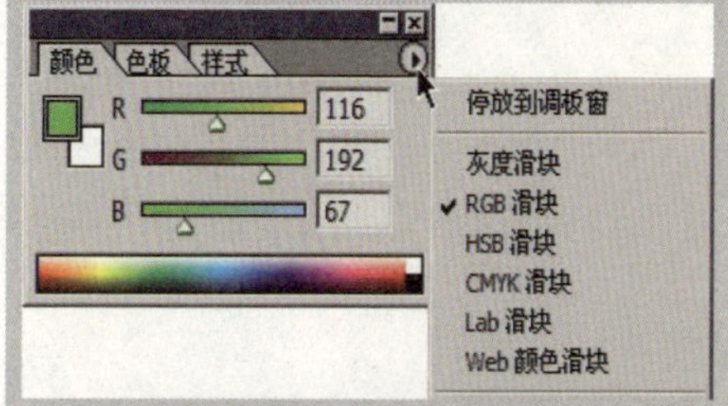

图 3-20　弹出的菜单中选择 RGB

纯黑，是因为屏幕上没有任何色光存在。相当于RGB三种色光都没有发光。

所以屏幕上黑的RGB值是0，0，0。我们可相应调整滑块或直接输入数字，会看到色块变成了黑色，如图3-21。

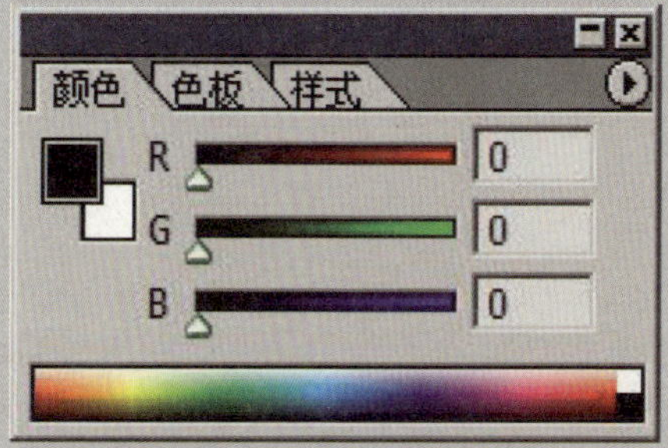

图 3-21　RGB 值设置 0，0，0

而白正相反，是RGB三种色光都发到最强的亮度，所以纯白的RGB值就是255，255，255，如图3-22。

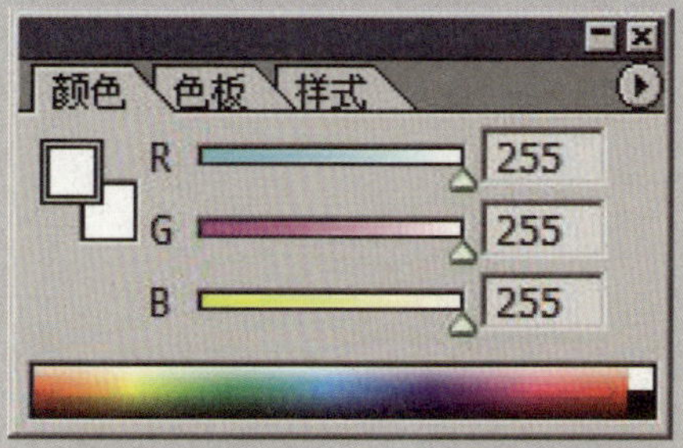

图 3-22　RGB 值设置 255，255，255

无论在软件中使用何种色彩模式，只要是在显示器上显示的，图像最终是以RGB方式出现的。因此使用RGB模式进行操作是最快的，因为电脑不需要处理额外的色彩转换工作。

2. CMYK色彩模式

CMYK也称作印刷色彩模式，顾名思义就是用来印刷的。它和RGB相比有一个很大的不同：RGB模式是一种发光的色彩模式，你在一间黑暗的房间内仍然可以看见屏幕上的内容；CMYK是一种依靠反光的色彩模式，当我们阅读报纸的内容时，是由阳光或灯光照射到报纸上，再反射到我们的眼中，才能看到内容。它需要有外界光源，如果你在黑暗房间内是无法阅读报纸的。

和RGB类似，CMY是3种印刷油墨名称的首字母：青色Cyan、洋红色Magenta、黄色Yellow。而K取的是black最后一个字母，之所以不取首字母，是为了避免与蓝色（Blue）混淆。从理论上来说，只需要CMY三种油墨就足够了，它们三个加在一起就应该得到黑色。但是由于目前制造工艺还不能造出高纯度的油墨，CMY相加的结果实际是一种暗红色。因此还需要加入一种专门的黑墨来调和。

点击颜色调板的▶按钮，在菜单中选择“CMYK滑块”，会看到CMYK是以百分比来选择的，相当于油墨的浓度，如图3-23。

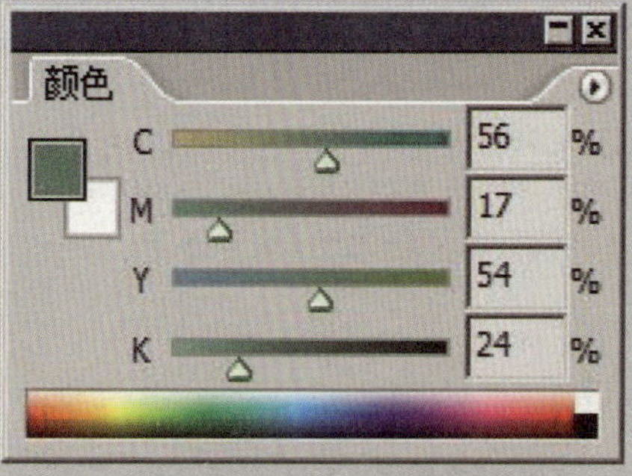

图 3-23　CMYK 调色板

和RGB模式一样，CMYK模式也有通道，而且是4个，C、M、Y、K各一个。在Photoshop中调入如图3-24。注意上面的图像输入Photoshop后是RGB模式的。图像的色彩模式和其他一些信息可以从图像窗口的标题区看到。标题区显示着图像名称、缩放比例、色彩模式和颜色通道数。图中显示着RGB/8，就表示这是一个RGB模式的图像，颜色通道为8位，如图3-25。

在RGB模式下只能看到RGB通道，需要手动转换色彩模式到CMYK后才可以看到CMYK通道。转换图像色彩模式可以通过菜单【图像　模式　CMYK颜色】实现，注意图像色彩可能会发生一些变化，此时察看通道，就会看到CMYK各通道的灰度图像，如图3-26。

CMYK通道的灰度图和RGB类似，是一种含量多少的表示。RGB灰度表示色光亮度，CMYK灰度表示油墨浓度，两者对灰度图中的明暗有着不同的定义：

（1）RGB通道灰度图中较白表示亮度较高，较黑表示亮度较低。纯白表示亮度最高，纯黑表示亮度为零。

（2）CMYK通道灰度图中较白表示油墨含量较低，较黑表示油墨含量较高，纯白表示完全没有油墨。纯黑表示油墨浓度最高。

在图像交付印刷的时候，一般需要把这四个通道的灰度图制成胶片（称为出片），然后再上印刷机进行印刷。传统的印刷机有四个印刷滚筒（形象比喻，实际情况有所区别），分别负责印制青色、品红色、黄色和黑色。一张白纸进入印刷机后要被印四次，先被印上图像中青色的部分，再被印上品红色、黄色和黑色部分，顺序如图3-27所示。

从上面的顺序中，可以很明显地感到各种油墨添加后的效果。在印刷过程中，纸张在各个滚筒间传送，可能因为热胀冷缩或者其他的一些原因产生了位移，这可能使得原本该印上颜色的地方没有印上。

为了检验印刷品的质量，在印刷各个颜色的时候，都会在纸张空白的地方印一个“+”符号。如果每个颜色都套印正确，那么在最终的成品上只会看到一个“+”符号。如果有两个或三个，就说明产生了套印错误，将会造成废品。不同用途的印刷品对套印错误造成的废品标准也不同。报纸等较低质的印刷品，“+”符号误差0.5mm甚至1mm都允许。

比如要画一条0.1mm的很细的线条，那么如果套印错位

图 3-24　原图

图 3-25　8 位 RGB 通道模式图像

图 3-26 CMYK 各通道的恢复图像

图 3-27 先后印上青色、品红色、黄色、黑色后图片效果

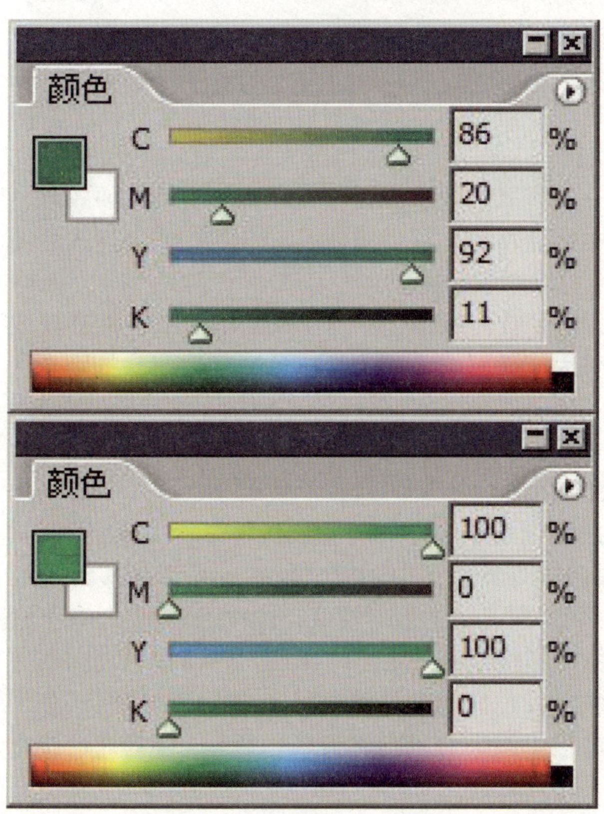

图 3-28 CMYK 混合色设置

0.1mm，就会出现两条线了。那么如何避免呢？

这个时候，在用色上就应该避免使用多种颜色的混合色，如图3-28。

左边和右边都是绿色，左边的绿色在CMYK四色上都有成分，那么使用这个颜色画的线将被印刷4次。而右边的绿色只使用了C和Y两种颜色，在印刷的时候只要被印两次就可以了，后者套印错误的机会自然比前者低得多。

由此可见，制作印刷品的时候，所使用的颜色会影响成品的印刷成功率。如果是RGB模式，则完全不必担心这个问题，因为屏幕是不可能有套印错误的情形发生的。

那么普通家庭所使用的喷墨打印机，是什么色彩模式呢？它会不会有套印错误呢？

前面说过，只要是印刷品就是CMYK模式，喷墨打印机当然也是按照CMYK方式工作，它其中装着CMYK四色的墨盒（个别型号会更多但工作原理相同），和印刷机类似。但是喷墨打印机不会产生套印错误，这是因为印刷机的纸张要进出4个滚筒，套印错误就是在这4个滚筒进出之间产生的，而喷墨打印机是一次性打印，所以不存在套印错误。

那么喷墨打印机如何实现一次性打印呢？

喷墨打印机将多个喷嘴前后依次排列。这样在打印的时候，纸张第一行先被喷上C，然后纸张向前移动一行，原先的第一行停在了M喷嘴下被喷上M色，同时新的空白的第二行被喷上C色。接着纸张再前移，已喷完C、M的那一行现在停在了Y色喷嘴下，被喷上Y色。而第二行被喷上M。新的空白第三行被喷上C。以此类推。

如果在喷墨打印机打印到一半的时候取消打印，就会看到在图像的边缘分布着未完成的

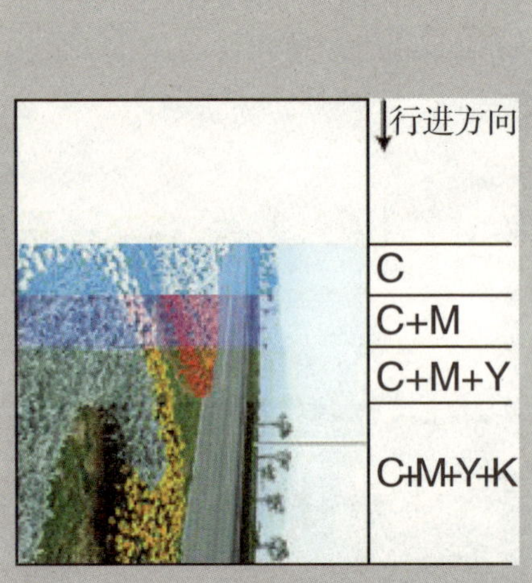

图 3-29 喷墨打印机分阶段打印效果

部分，效果类似图3-29。

既然喷墨打印机的原理并不复杂，为什么大型印刷机不采用这样的印刷方式呢？是因为这种打印方式速度很慢，喷嘴在每行都需要有一个移动的过程，这需要时间，大幅面纸张耗时更久，而报纸等大量的印刷品都需要在短时间内完成，所以这种打印方式是无能为力的，并且精度上也不及印刷机。因此，打印和印刷，这两者是有很大区别的。打印一般数量很少，质量和速度要求也不高，常见于个人及小型办公使用，印刷则正相反。

无论是CMYK模式的图片，还是RGB模式的图片，都尽量不要在这两种模式之间进行相互转换，更不要将两种模式转来转去。因为，在位图编辑软件中，每进行一次图片色彩空间的转换，都将损失一部分原图片的细节信息。如果将一个图片一会儿转成RGB模式，一会儿转成CMYK模式，则图片的信息损失将是很大的。这里应该说的是，彩色报纸出版过程中用于制版印刷的图片模式必须是CMYK模式的图片，否则将无法进行印刷，但是并不是说在进行图片处理时以CMYK模式处理图片的印刷效果就一定很好，还是要根据情况来定。其实用Photoshop处理图片选择RGB模式的效果要强于使用CMYK模式的效果，只要以RGB模式处理好图片后，再将其转化为CMYK模式的图片后输出胶片就可以制版印刷了。

总之，在不需要首先就转化图片模式的情况下，能够获取到RGB模式的图片，就用这种模式对图片进行处理，特别是从互联网上下载的图片，为确保图片的印刷效果，就必须使用RGB模式进行处理。

3. Lab色彩模式

除了用RGB模式处理图片外，Photoshop的Lab色彩模式（图3-30）也具备良好特性。RGB模式是基于光学原理的，而CMYK模式是颜料反射光线的色彩模式，Lab模式的好处在于它弥补了前面两种色彩模式的不足。RGB在蓝色与绿色之间的过渡色太多，绿色与红色之间的过渡色又太少，CMYK模式在编辑处理图片的过程中损失的色彩则更多，而Lab模式在这些方面都有所补偿。Lab模式由三个通道组成，L信道表示亮度，它控制图片的亮度和对比度，a通道包括的颜色从深绿（低亮度值）到灰色（中亮度值）到亮粉红色（高亮度值），b通道包括的颜色从亮蓝色（低亮度值）到灰色到焦黄色（高亮度值）。

Lab模式与RGB模式相似，色彩的混合将产生更亮的色彩。只有亮度通道的值才影响色彩的明暗变化。可以将Lab模式看作是两个通道的RGB模式加一个亮度信道的模式。Lab模式是与设备无关的，可以用这一模式编辑处理任何一幅图片（包括灰度图片），并且与RGB模式同样快，比CMYK模式则快好几倍。Lab模式可以保证在进行色彩模式转换时，CMYK范围内的色彩没有损失。如果将RGB模式图片转换成CMYK模式时，在操作步骤上应加上一个中间步骤，即先转换成Lab模式。在非彩色的排版过程中，应用Lab模式将图片转换成灰度图是经常用到的。对于一些互联网上下载的RGB模式的图片，如果不用Lab模式过渡后再转换成灰度图，那么在用方正飞腾或维思排版软件排报版时，有时就无法对图片进行排版。

由此可见，在编辑处理图片时，尽可能先用Lab 模式或RGB模式，在不得已时才转成CMYK模式，而一旦转成为CMYK模式图片，就不要轻易再转回来了，如果实在需要的话，就转成Lab模式对图片进行处理。如果用于扫描输入的原图片是彩色图片，但该图片是用于灰度版面中的，用扫描仪输入图片时，不要将原图片直接输入为灰度模式，应用RGB模式输入图片，用RGB模式处理好图片后，将其先转换为Lab模式的图片，再通过通道分离命令，选取L通道的图片作为印刷用灰度图片。

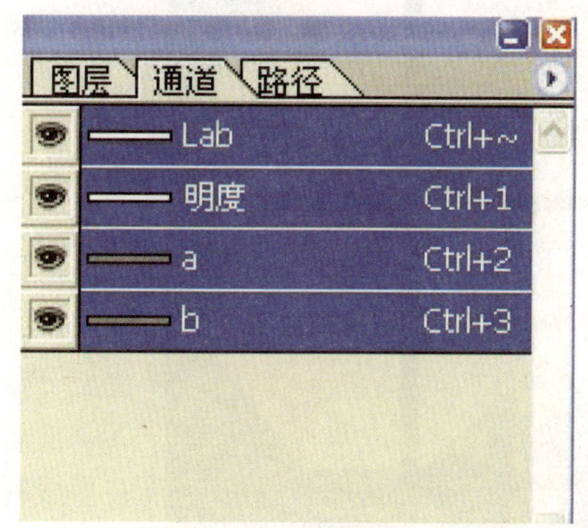

图 3-30　Lab 模式

（二）图像色彩的校正

图像校色，主要是再现原稿所反映的，而非原稿本身的色彩。调整过程中，主要是纠正由原稿或扫描所造成的色偏，保证主体部位颜色的准确；还要保证屏幕效果和最终印刷效果相适应。注意，新闻纸有3%～5%的灰度，最好对照打样样张或比较标准的印刷品，打开原有数字文件，对比着进行校色。同时，校色调整应以信息板显示数据为准，不能仅靠屏幕显示效果。

Photoshop对扫描输出的图片色彩调整，主要从两方面进行处理：即全色校正与选择性校正。对于全色校正，可用curves曲线补正高调与暗调值，兼顾图像的阶调与灰平衡；对于选择性校色，可对图中局部色块进行必要的调节，常运用色相/饱和度工具进行调整。其调节量不可太大，否则易产生层次断层。

图3-31为一张年历，在色彩上整个背景都选择了一种无阶调变化的中性灰色，这是不利于印刷的色彩。印刷要复制出这样如此大面积的中性灰色是有着相当难度的，需要很准确地把握好印刷色彩的灰平衡，否则很容易明显地出现灰度的偏色，印后单位印刷品间背景颜色也容易出现显著差异。如果用专色印刷可以解决这个问题，但会大大提高印刷成本。这时需要对背景的灰色设计进行颜色的调整，设置一个明显些的色彩偏向，或是将背景的灰色制作成类似于布纹等的质感，这样既丰富了设计的层次感又在一定程度上降低了印刷的难度。

第四节　印刷版面的设置

一、出血的制作

出血指在实际图像尺寸之外再多做一点，这是针对裁切的。因为裁切机器，不会特别精确，可能往左多切了一点，往右多切了一点。所以要预留几毫米，以防裁切机犯错误，否则多切一点，就会出现难看的白边。

名片的出血一般是3mm。另外距离边线1mm内不要出现文字和logo（图3-32）。

出血通常专门给各生产工序在其工艺公差范围内使用，出血并不都是3mm，不同产品应分别对待：

（1）一般彩咭盒（版面尺寸都不是很大，

图 3-31　年历 赵青

比如电脑小风扇的包装盒）：3mm，（图3-33）。

（2）一般单坑彩盒（比如：裱A9、B9、C9、O9、K9、K3等），对裱彩盒（比如：250G灰卡裱300G灰卡）：3～5mm。

（3）双坑彩盒（比如：250G灰卡裱B3+B3）：5～8mm，（图3-34）。

要做好“出血”的工艺，必须对印前、中、后工序工艺真正熟悉，印刷业默认的成活尺寸的情况下上下左右各加3mm，如果设计尺寸是210×285，那么成活尺寸就是216×291。

二、套准标记与裁切标记的制作

准备用于印刷的文档时，需要添加一些标记以帮助打印机在生成样稿时确定纸张裁切的位置、分色胶片对齐的位置、为获取正确校准数据测量胶片的位置以及网点密度等。选择任一页面标记选项都将扩展页面边界以适合印刷标记、出血（文本或对象扩展到页面边界外以说明裁切时轻微不准确的部分）或辅助信息区（包含打印机说明或作业签名结束信息的区域，通常位于页面和出血区域以外）。

如果设置裁切标记并要图稿包含出血或辅助信息区，请确保此图稿已经向裁切标记外扩展出适当的出血或辅助信息区。

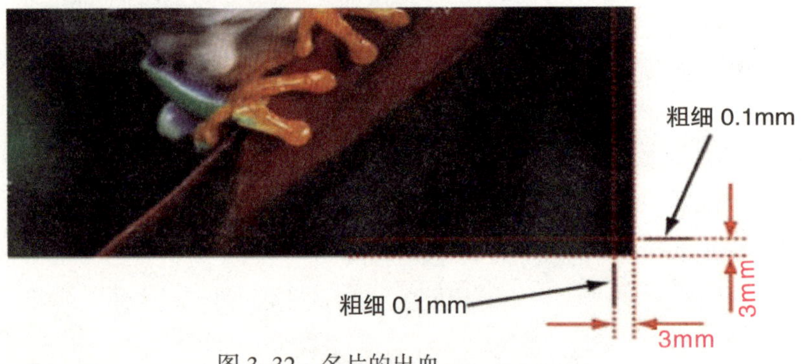

图 3-32　名片的出血

图 3-33　一般彩咭盒

图 3-34　双坑彩盒

图 3-35　印刷标记

还要确保媒体尺寸足够大，足以容下页面和任何印刷标记、出血或辅助信息区。如果文档不适合媒体，通过使用“打印”对话框“设置”区域中的“页面位置”选项，可以控制哪些位置的项目将被剪切。

1．印刷标记（图3-35）

（1）裁切标记。

（2）套准标记。

（3）页面信息。

（4）颜色条。

（5）出血标记。

（6）辅助信息区。

2．过程

（1）选择“文件”>“打印”。

（2）单击“打印”对话框左侧的“标记和出血”。

（3）选择“所有印刷标记”或单个标记。

3．打印出血或辅助信息区

在“页面设置”对话框中指定出血和辅助信息区，当文档被裁切到最终页面大小时，出血和辅助信息区将被一同裁掉。在出血或辅助信息区外的对象（无论扩展得多远）都不会被打印出来。打印时，可以在“标记和出血”区域的“出血和辅助信息”区域中覆盖出血标记的默认位置。以 PostScript 文件格式存储的文件允许在后期处理程序中改变出血。

（1）选择“文件”>“打印”。

（2）单击“打印”对话框左侧的“标记和出血”。

（3）从“文字”弹出菜单中，选择下列选项之一：

日式标记，圆形套准线

日式标记，十字套准线

默认（西方套准标记）

（4）要在“页面设置”对话框中覆盖出血设置，请取消选中“使用文档出血设置”，并为“上”、“下”、“左”和“右”（用于单面文档）或“上”、“下”、“内”和“外”（用于具有对页的双面文档）输入0～6in的值（或等价值）。要在页面的所有边均匀地扩展位移，请单击“将所有设置设为相同”图标。

（5）单击“包括辅助信息区”，以使用在“页面设置”对话框中定义的辅助信息区打印对象。

可以在打印之前通过单击工具箱底部的“出血预览模式”或“辅助信息区预览模式”图

标，预览出血和辅助信息区。（这些图标可以被“预览模式”图标隐藏。）

标记选项

“标记”区域包括下列选项：

裁切标记：添加定义页面应当裁切的位置的水平和垂直细线。裁切标记也可以帮助将一个分色与另一个分色对齐。帮助把一个分色与另一个分色对齐。

套准标记：在页面区域外添加小的“靶心图”，以对齐彩色文档中不同的分色。

颜色条：添加表示CMYK油墨和灰色色调（以10%递增）的颜色的小方块。服务提供商使用这些标记调整印刷机上的油墨密度。

页面信息：在每页纸张或胶片的左下角，用6磅的 Helvetica 打印文件名、页码、当前日期和时间及分色名称。“页面信息”选项要求距水平边缘有0.5in（13mm）。

可以选择“日式标记，圆形套准线”（默认）、“日式标记，十字套准线”或“默认”。也可以创建自定的印刷标记或使用由其他公司创建的自定标记。有关创建自定印刷标记的信息，可参见 Adobe网站的“支持”区域。

粗细：默认设置为0.10mm。从0.05mm、0.07mm、0.10mm、0.15mm、0.20mm、0.30mm、0.125点、0.25点 和0.50点中选择。

位移：指定 InDesign 打印页面信息或标记距页面边缘的宽度（裁切标记的位置）。只有在“文字”中选择“西方标记”时，此选项才可用。

更改媒体上的页面位置：当将文档打印到其尺寸大于文档大小的单张媒体上时，通过使用“打印”对话框的“设置”区域中的“页面位置”选项，可以控制辅助信息区和出血区域、印刷标记以及页面打印在媒体上的位置。如果文档不适合媒体且将被剪切，可以指定文档中被剪切的部分。“打印”对话框中的预览图像将显示剪切结果。

三、印前拼版

拼版是把许多小页拼在一张印刷版面上，组成与印刷版相同幅面的打版页面，然后输出胶片，进行晒版印刷。所制作的各种印刷品在印刷过程经过诸多工序，最后经过折叠仍保证印刷位置符合设计要求，页码顺序正确。拼版能确定最合理的印刷方式，为折页提供正确的印张，同时还可以节省材料，缩短印刷时间，提高晒版效率和质量。通过拼版工艺，把所需的各个图像、文字、底纹、花边等按版式设计要求和印刷条件拼在一幅对开或三四开的版面上，这就是拼版的所要达到的目的。

现在常用的拼版方法有手工拼版和计算机拼版两种，计算机拼版需要采用带有自动折手控制技术的软件来完成。由于计算机软件技术的逐渐成熟，计算机拼版已经成为主流，和手工拼版相比有很多优势。目前，市场上主流的拼版软件有：崭新印通、方正文合、Preps、Ultimate Impostrip、Imposition Publisher等。这些拼版软件都有着各自的特点，在使用时要结合相应的设计要求来选择使用。

（一）印前拼版的原则

第一，拼版幅面不能超过印刷机的有效印刷面积和印刷纸张的幅面，四边要按照工艺设计规定留出白边或出血；第二，拼版图幅的印数、色数、色别、色层应尽量保持一致。

（二）拼版种类与折手规格

常见的印前拼版作业方法分为：单面式、双面式、翻滚式、自翻式四种。

单面式：这种方式是指那些只需要印刷一个面的印刷品，只印刷正面，需要一张印版，用于小胶印机上作简单的单面作业。

双面式：顾名思义，指正反两面都进行印刷，需要两套印版，正反面的内容按照装订折页的位置拼版。

翻转式：一套印版对纸张两面各印一次，印完一面后纸张翻转180°再印第二面。印第二面时，纸张的叼口方向改变，印刷后沿中间线剪裁可以得到两份同样的印刷品。

自翻式：用一套印版在纸的两面印刷，印完一面自动翻身印刷，叼口方向不变，裁切后可以得到两个封面。

一本书籍或杂志需要多少折手来完成取决于它的厚薄。折手经常采用的有4、8、12、16、32、48页等几种规格。如图3-36显示了4页、8页、16页折手的折页规格以及页面在折手上的位置。

6	3	4	5
11	14	13	12
10	15	16	9
7	2	1	8

16 页

5	4	3	6
8	1	2	7

8 页

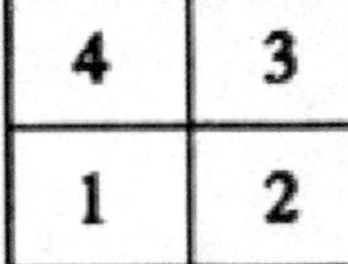

4	3
1	2

4 页

图 3–36

思考与练习：

1. 结合常用的印前设计软件，分别练习文本的录入、图像调整。
2. 练习制作出血，并比较作品中加出血和未加出血的成品效果。
3. 结合实际制作套准标记与裁切标记。

第四章　印刷中的工艺

第一节　印刷方式

现今传统印刷工艺基本上采用四大印刷方式，即：平版印刷、凸版印刷、凹版印刷、丝网印刷（漏印、孔印）。

一、平版印刷

平版印刷，又称为胶印，是当今广泛应用的、重要的印刷形式，它是将印版上的图文墨层转移到橡皮滚筒上，再利用橡皮滚筒与压印辊筒之间的压力将图文墨层转移到承印物上，来完成印刷。平版印刷是一种间接印刷，主要利用了油水不相溶的原理，在印版表面建立亲水疏油的空白部分和亲油疏水的图文部分，且空白部分和图文部分几乎处于同一平面内（图4–1）。

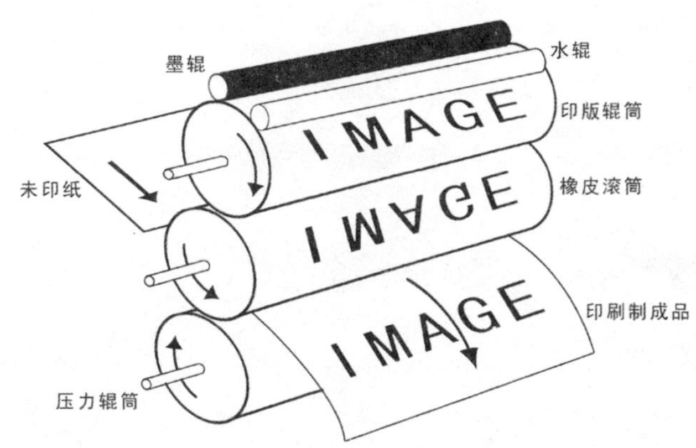

图 4–1　平版胶印示意图

平版印刷的优点：印刷速度快，印刷周期短，效率高，制版工序较为简单，板材成本较低，印刷的质量高，印刷品的图文精细、色彩效果好、层次丰富。适合印制报纸书刊和高档印刷品，并广泛用于广告传单、报纸、杂志、书刊、高档画册、包装盒等。

无水胶印，是平版胶印的新发展，胶印不用水也是可以的，不用水的胶印称为干胶印。无水胶印是在平版上用斥墨的硅橡胶层作为印版空白部分，不需要润版，是用特制油墨印刷的一种平印方式。

无水胶印和有水胶印相比，其主要优势在于：

首先，印刷质量更高。由于网点扩大率低、层次复制效果好，特别是在暗调部分特别明显，此外，没有水的参与，墨层密度十分稳定，消除了干燥后密度降低的问题，保证了色彩的一致性，而且，套印精度高，无水条痕等。

其次，生产效率高，因为没有润湿装置，减少了套准及色彩调整时间，减少了纸张浪费，生产效率得到提高。

再次，有利于保护环境，因为无需使用酒精等化学品，所以能够改善工作环境。

无水胶印的主要弊端：一是印版成本比有水胶印高，二是适用于低速小幅面印刷，三是耐印力低。所以，目前印刷企业采用的胶印主要为有水参与的胶印。

二、凸版印刷

凸版印刷，简称凸印，其特点是凸版上的图文部分凸起，远高于非图文部分，油墨只能转移到印版的图文部分，而非图文部分则没有油墨，印版与承印材料接触，经过加压后，印版图文上附着的油墨就被转印到承印材料的表面，这与盖图章的原理有相似之处（图4–2、图4–3）。

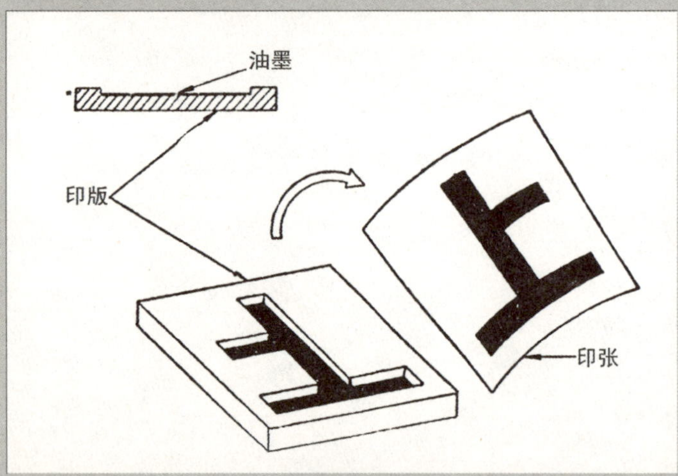

图 4–2　凸版印刷原理图

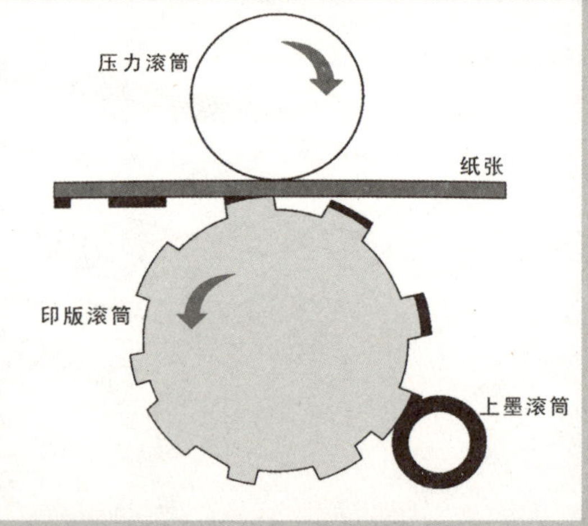

图 4–3　凸版印刷示意图

凸版印刷在印刷史上是最古老的一种印刷，它在长期发展过程中不断改进，其基本原理可以追溯到我国古代印章的阳刻形式，在东晋年间就出现了雕版印刷品，唐代初年发明了雕版印刷技术，是把文字或图像雕刻在木板上，剔除非图文部分使图文凸出，然后涂墨，覆纸刷印。宋代出现了胶泥活字，是凸版技术继雕版印刷工艺之后的重要发展，改变了原来雕版印刷文字不能重复使用的缺点，极大的推动了以文字为载体的文明的传播与发展。之后铅合金活字技术得到应用，奠定了现代印刷术的基础。

然而，活字技术存在劳动强度大、环境污染的问题，随着科技的发展便被激光照排和感光树脂版取代。现今，新型的柔性凸版印刷工艺，是对传统的凸版印刷技术的一次重大突破。

运用凸版在印刷过程中会给承印物留下不同的自然的痕迹，而且这种毛边痕迹的产生是偶然的不能有效控制的，这是它的缺陷所在，但从设计角度来说却也是一个优点，能够给印刷品带来一种独特的设计风格，作为设计师的我们可以利用这种效果，使它成为设计的一种创意。

现代书籍、报纸、邮票等大多采用凸版印刷，世界上许多早期邮票都是采用凸版印刷的，如我国发行的第一套邮票——《大龙》邮票和解放区发行的部分邮票，就是采用凸版印刷的（图4-4）。

凸版印刷的优点：直接加压印刷使墨色饱满，印迹清晰，在印刷过程中，根据需要可以随时更换和调整印版，一版多用，降低了生产成本，适合批量少，品种多的印件。其缺点是，制版工艺复杂，周期长，印刷速度慢，效率较低，不适宜于色彩丰富、幅面大、层次丰富的彩色印刷，另外，铅字或锌板在加工过程中会出现环境污染问题。

图 4-4　大龙邮票

三、凹版印刷

凹版印刷，是一种直接印刷的方法，其印版版面与凸版的印版相反，它的图文部分是凹陷的。印刷时，用墨辊转动油墨填满印版，再用印版滚筒一侧装有的弹性刮刀将非图文部分的多余油墨刮掉，印版与承印物靠一定的压力接触，将凹坑内的油墨转移到承印物上，完成印刷（图4-5、图4-6）。

凹版印刷需要难度高的手工技巧，因此手工凹版在现在的

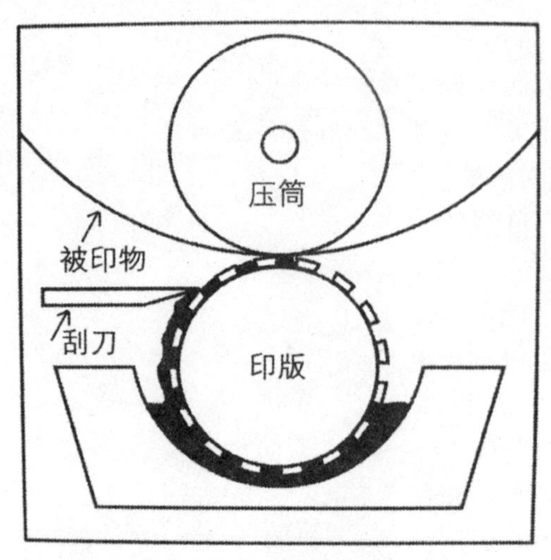

图 4–5 凹版印刷示意图（圆压圆式）

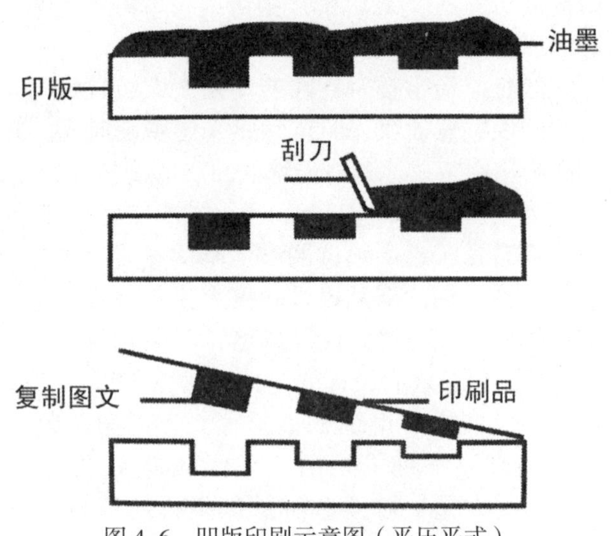

图 4–6 凹版印刷示意图（平压平式）

印刷中几乎很少用，现在照相腐蚀凹版技术正发展起来。

凹版印刷以其印制品墨层厚实，颜色鲜艳、饱和度高、印版耐印率高、印刷速度快、印品质量稳定等优点在印刷包装及出版领域内占据极其重要的地位。

从应用方面看，在国内，凹印则主要用于软包装印刷，随着国内凹印技术的发展，也已经在纸张包装、木纹装饰、皮革材料、药品包装上得到广泛应用；在国外，凹印主要用于杂志、产品目录等精细出版物，包装印刷和钞票、邮票等有价证券的印刷，而且也应用于装饰材料等特殊领域。当然，凹版印刷也存在局限性，其主要在于：印前制版技术复杂、周期长，制版主要选用铜材来做印版，成本较高；采用挥发型溶剂，工作环境中有害气体含量较高，对工人健康损害较大。

四、丝网印刷

丝网印刷是将丝织物、合成纤维织物或金属丝网绷在网框上，采用手工刻漆膜或光化学制版的方法来制作丝网印版。现代丝网印刷技术，则是利用感光材料通过照相制版的方法制作丝网印版(使丝网印版上图文部分的丝网孔为通孔，而非图文部分的丝网孔被堵住)。印刷时通过刮板的挤压，使油墨通过图文部分的网孔转移到承印物上，形成与原稿一样的图文（图4–7）。

常见的印刷品有：装帧封面、彩色油画、招贴画、名片、商品标牌以及印染纺织品等。

丝网印刷的优点明显：首先，制版简易且成

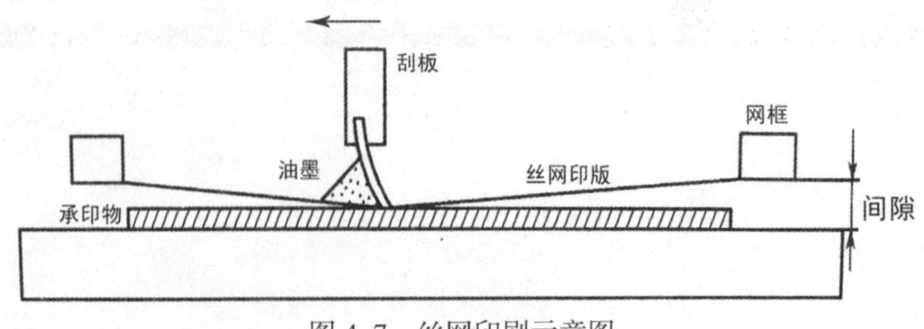

图 4–7 丝网印刷示意图

本低廉，设备简单、操作方便，适应性强，印件少时，非常经济。其次，丝网印刷应用的范围是非常广泛的，除水和空气以外（包括其他液体和气体），任何一种物体都可以作为承印物。根据承印材料的不同可以分为：织物印刷、塑料印刷、金属印刷、瓷印刷、玻璃印刷、电子产品印刷、彩票丝印、不锈钢制品丝印、丝网转印电化铝、丝印版画以及漆器丝印等。再次，在平面、曲面、球面等物体上都可以轻松印刷，且墨层厚、覆盖力强。如图4-8呈现出丝网印刷在金属制品上的印刷效果，利用老式磁带盘展示出现代设计的个性表达。

可见，丝网印刷是一种灵活的印刷技术，可以完成在不同承印物上的印刷，且对油墨的适应性强，可以在设计作品中实现可触摸的质感，来为设计作品增色。但丝网印刷速度慢，生产量低，并不适合大量的批量化印制，且印刷后的成品细节不够精致，复制色彩还原性相对较差。

五、其他印刷

近年来，随着科技的发展，超出平版、凸版、凹版、丝网四大印刷范畴的印刷应运而生，它们具有新的特性和功能，在生产和生活中越来越发挥着重要作用，新的印刷方式很多，下面主要介绍热转印工艺、喷墨印刷、数码印刷、曲面印刷。

（一）喷绘印刷

喷绘印刷是一种无接触、无压力、无印版的印刷。将电子计算机中存储的信息，输入喷绘印刷机即可印刷。电脑喷绘不受幅面和批量限制，成本低，制作方法多样，制作周期短，所以喷绘机在短短的几年时间风靡各地。

喷绘印刷是能够实现多种材质印刷的一种手段，其中的一些材质是能够产生不同于纸张的视觉和肌理效果的，如：透明背胶、写真布、灯箱片等。如图4-9采用灯箱片为手提袋材料，展开后是一幅插画，合起来是一个趣味性的手提袋，再加上灯箱片的独特质感，常常会吸引年轻时尚一代的目光。图4-10是京剧角色创意卡片的设计，运用透明背胶喷绘，它的透光性使作品的色彩更加明丽，更使每个京剧形象熠熠生辉，彰显出京剧人生的多彩绚丽。图4-11为日记本封皮的设计，采用了两种质感的纸质的拼合，一种纸的表面肌理丰富而清晰，另一种纸的表面光滑而细腻，在材质和图案两个方面均实现了对比与融合。图4-12是在特种纸上的喷绘作品，特殊的肌理，黑色的运用避免了喷绘色彩的色差问题，与数码打印的效果相比不相上下。

（二）热转印工艺

热转印是一项新兴的印刷工艺，可以实现在瓷器、金属、

图 4-8　个性钟表

图 4-9　插画手提袋 陈晓晓

图 4-10　京剧角色创意卡片

图 4–11　材质日记本 赵青

图 4–12　手纹纸喷绘插画 宫德华

玻璃、木头等器皿和布料上的印刷。随着科技的飞速发展，热转印技术的应用越来越广泛。热转印按油墨品种分类有热压转印型和热升华转印型。

热压转印技术是用网印、凹印等印刷方式，将图文印刷在热转印纸或塑料膜上，然后通过加热加压，将图文转印到织物、皮革等物品上。

热升华转印，是利用热升华原理，通过丝网印刷将热升华转印油墨印刷到纸或塑料膜上，将印好图文的纸或膜与织物重叠在一起加热、加压或减压，纸或膜上的染料就成气相状态升华转移到织物上。热升华转印工艺的主要特点：转印图像色彩鲜艳，层次丰富，热转印产品经久耐用，图像不会脱落、龟裂和褪色。除运用于织物外，还可以运用到陶瓷、金属等制品上。

现今热转印技术及水平得到进一步扩展，热转印技术广泛采用电脑进行图像处理与设计，然后通过高速高质喷墨打印机将图像打印在纸或膜上，省去了制版过程。

图 4–13 喷绘后

图 4–14 《济南印象》 秦雪

作品《济南印象》在印制之初采用了喷绘印刷，但是效果与设计者的设想有所不同，喷绘在帆布上的效果，失去了原有材料的质感，留白处喷成了白色，如图4–13。但热转印技术就不同了，它可以不妨碍设计作品的质感体现，原稿中没有图文的部分不会出现白色，而是材料本来的材质原色，如图4–14所示。

作品《戏说》，将盘子与桌垫设计组成了一个整体，运用了热转印工艺，设计集形式感与趣味性于一体，具有较好的视觉表现力。在进行热转印时，瓷盘上的字原本设计的是玫红色，而在热转印过程中由于高温高压，玫红色的颜料发生了某种变化，只能够呈现出接近大红色的这种色彩效果。它让我们对热转印这一技术有了初步的了解，最终的效果是可以的，委婉细腻的戏曲人物形象在瓷盘柔和的光泽烘托之下，显得更加的生动感人（图4–15）。

（三）数码印刷

它是与传统印刷不同的一种印刷方式。简单地讲，数码印刷就是将电子文件中的图像直接成像在印刷介质之上，是有别于传统印刷繁琐的工艺过程的一种全新的印刷方式。它是一个完全数字化的生产系统，数字流程贯穿了整个生产过程，从信息的输入一直到印刷，甚至装订输出，数码印刷把印前、印刷和印后融为了一体。这种印刷具有无印刷数量限制、无需制版、印刷速度快、可及时纠错、图像还原度高、画质细腻、同时可以轻松地实现双面印刷的效果等一系列特点，是我们经常运用的一种印刷方式。

在使用数码印刷时常应考虑以下几个方面的问题。

1. 对于纸张的选择

在数码印刷中除了铜版纸、牙粉纸等常见的纸张之外还有许多的特种纸，这些纸张本身或许就具有颜色、肌理等特殊效果，因而在选择的时候要充分的考虑到设计本身的表现要求，合适的纸质载体会提升设计最终的实现效果。如图4–16在用数码印刷技术印制宣传名片时，就非常注重对纸张的选择，选用斑驳的特种纸，表面肌理丰富而清晰，在材质上形成了与图形相协调的搭配。

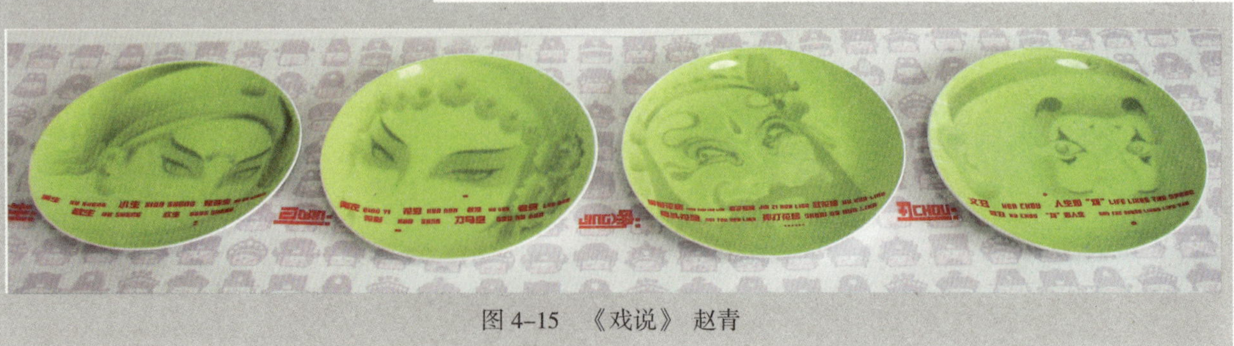

图 4–15 《戏说》 赵青

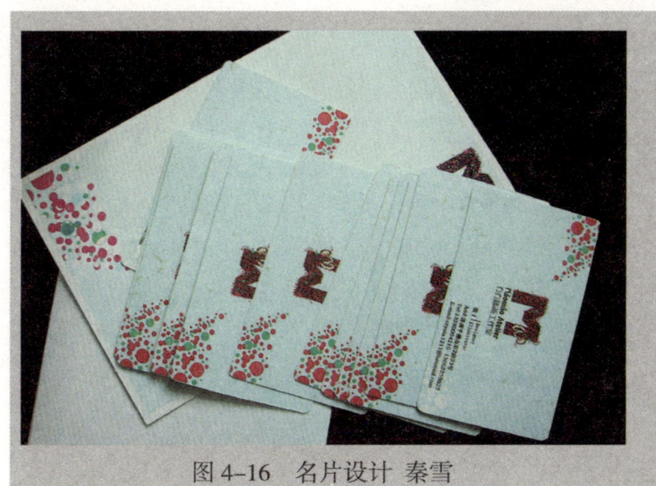
图 4–16　名片设计 秦雪

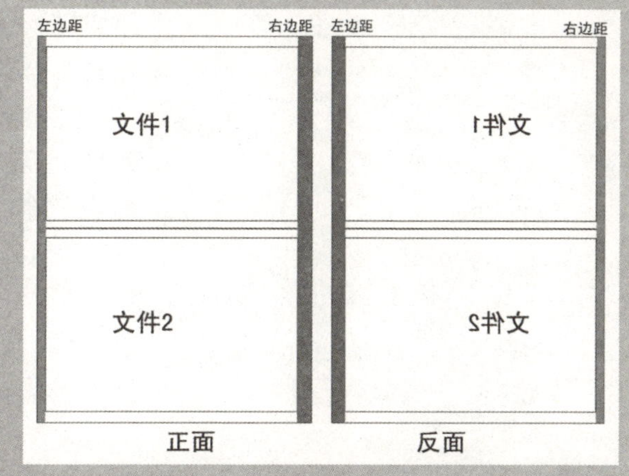

图 4–17　双面印对接示意图

2. 图像的尺寸方面

数码印刷机的输出多以A3和A3+尺寸的纸张为主，在很多情况下要将多个图像文件拼于一张纸之上来印刷，因而在设计之初如何确定单个图像的尺寸，使之能够更加有效地利用纸张，成为了设计者所必须予以考虑的问题。我们必须在保证设计效果的前提下最大程度的利用纸张，以减少不必要的浪费。

3. 排版设置方面

当A4纸的作品需要排列到A3纸上进行双面打印时要注意图形和文字的方向或位置对应，以免正面与反面对接错误的出现，其对接方式为左对右，右对左，如图4–17所示。

4. 装订问题

在开始印制活件前就决定采用哪一种装订方式，而不要盲目地等待印完后才考虑用什么方式装订，因为不同的装订方式（例如无线胶订和骑马订）在印前排版阶段的页面安排方面有不同的要求。决定采用哪一种装订方式主要应根据客户的要求、所用纸张的特性、纸张纹理方向以及印品的最终用途来决定。

（四）曲面印刷

曲面印刷是对具有曲面外形的承印物进行印刷的方法。其印刷方法有多种：移印、转印、干胶印、静电印刷等。曲面印刷的承印物多为不规则形体，其表面结构不是平面而是弯、弧、凹、凸的各种材质的成形物体，对我们日常生活中的水杯、酒杯、茶缸、各种瓶筒、试管、玻璃瓷器器皿、甚至药丸等表面进行的网版印刷，都可称为曲面印刷。曲面与平面在印刷原理上差异并不大，只是工艺难度稍微大些。

曲面印刷时式样繁多，工艺复杂，需要工作者具备丰富的印刷经验，针对不同规格的物体采用灵活多变的印刷工艺，来辅助曲面印刷的顺利完成。

第二节　印刷工艺流程

工艺是劳动者利用生产工具对各种原材料、半成品进行增值加工或处理，最终使其成为制品的方法与过程，是一种最佳的工作方式或生产方式。

何为流程？流程就是多个人员、多个活动有序的组合。它关注谁做了什么事（先干什么，后干什么，最后干什么），产生了什么结果，传递了什么信息给谁。

印刷工艺流程主要分为三个阶段：印前、印刷、印后。

一、印前工艺流程

印前工艺流程主要指印刷品印刷前期的设计制作和制版。

原稿→工艺设计→调度→扫描→调图→拼版合成→菲林输出→数码打样→文字→校对→图形→设计

印前流程中常需要经历以下几个重要环节。

（一）扫描分色

扫描分色就是将图像进行扫描并将其色彩

模式转换为CMYK模式，分色成黄、品红、青、黑四种颜色，使其符合印刷的要求。扫描分色技术是彩印质量好坏的关键。

在分色时，当图像由RGB 转到CMYK模式时，肉眼能看到屏幕上有些颜色产生明显的变化，一般会由鲜艳的颜色变成较暗淡一些的颜色，这是因为RGB 的色域比CMYK的色域要大，有些在RGB 色彩模式下能够表示的一些颜色在转为CMYK后，超出了CMYK所能表达的颜色范围，这些颜色只能用相近的颜色替代，因而这些颜色产生了较为明显的变化。其实，在RGB色彩模式的图像中如果有颜色超出了色域的话，可用色域警告Gamut Warning预视。

扫描仪主要有平板扫描仪和滚筒扫描仪，扫描仪运用其核心部件将扫描图像的光信号转为电信号，再将电信号通过模数转换器转为数字信号，进而传输给计算机。

传统意义上，利用电子分色机将图像分为C、M、Y、K四色的单色片，通常称为电分。而现今实际工作中，当我们扫描一幅彩色原稿到电脑中，并使之成为由电子信息描述的包含CMYK色彩通道的图像这么一个过程也可以理解为电分。

（二）图像处理和组版

对印刷原稿进行的图像处理，主要运用Photoshop软件对其分色参数进行设计及分色后的调节，比如色彩的校正或对图像中某一部分的强调或虚化，以及一些特技效果等。

对图像处理后便开始进行组版，这个过程中需要根据客户的需要，运用CorelDraw、InDesign、PageMaker、Freehand、QuarkXpress等软件，将图像、图形和文字拼组在一起来完成页面的制作。

（三）输出发排

输出发排靠的是RIP技术，即栅格图像处理器，它是将图形、图像和文字信息转换成各种大幅面打印机或照排机能理解的点阵信息。它关系到输出的速度、打印精度、色彩及幅面尺寸等。

RIP通常分为硬件和软件两种。硬件RIP内置于打印机、照排机或一个专用的硬件RIP机箱中，专门用来解释页面信息；软件RIP是通过软件来进行页面运算，再将解释好的信息传送给照排机。硬件RIP一般不够灵活，发排机只可发排，不可他用，且一旦主机出问题，不容易维修；而软件RIP则使用灵活，发排机可他用，当主机出了问题，换一台主机便可重装RIP软件，而且目前软件RIP的解释速度已不再落后于硬件RIP。所以软件RIP越来越受到用户的青睐。

通过照排机输出后便可得到所需的菲林软片，再将软片置于晒版机中并晒出印版，之后便可以进行印刷了。

二、印中工艺流程

印刷流程主要指印刷品通过印刷机进行印刷的过程。下列以胶印流程为主要代表进行分析。

纸路： 供纸→剁纸→整理纸→分纸→吸纸→供纸→走纸→定位

墨路： 墨斗供→墨辊→给墨辊→转墨辊→靠板辊

水路： 润版液→水辊→传水辊→串水辊→靠板辊

三、印后工艺流程

印后工艺流程，指印刷品印刷完成后，进行后期加工的工艺流程。

印刷半成品→烫金→装订（精装、平装）、制盒

→压凹凸

←（→过胶（光、亚）

→压纹

第三节 印刷品的质量要求与评价

一、印刷品的质量要求

印刷品质量是指印刷品各种外观特性的综合效果。

从印刷复制技术的角度出发，印刷质量要以"对原稿的忠实再现"为标准，不论是传统印刷流程还是数字化流程，对印刷品都要实现忠实于原稿的复制。印刷质量的一般标准为：首先，印刷品要符合设计要求，包括在版式、图形、文字、图像方面的还原符合设计者的最初要求。其次，主题图像要层次丰富、色彩和色调忠实还原、清晰度好，这些主要由制版效果决定。再次，印刷质量要近似或相同一致于制版打样。最后，印后的装订要牢固且尺寸精确，包装要严密等。

印刷品有四个质量控制要素：颜色、层次、清晰度、一致性。

1. 颜色

颜色，是印刷品质量的基础，色彩的质量直接决定了产品质量的优劣。色彩控制或管理始终是印刷专业人员研究与分析的关键环节。

2. 层次

即阶调，指图像可辨认的颜色浓淡梯级的变化。它是实现颜色准确复制的基础。

3. 清晰度

清晰度指的是图像细节的清晰程度，包括三个方面，图像细微层次的清晰程度，图像细节的清晰程度以及图像轮廓边缘的清晰程度。

4. 一致性

一致性即均匀性，它包括两方面的内容。一方面，指同一批次的印刷品不同部位即不同墨区的墨量的一致程度，一般用印刷品纵向和横向实地密度的一致程度来衡量，它反映了同一时间印刷出来的印刷品不同部位的稳定性。另一方面，指的是不同批次的印刷品在同一个部位的密度的一致程度，它反映了印刷机的稳定性。

另外，印刷品质量的控制，对印前原稿的要求也是不可忽视的，它是前提条件，当印刷原稿不符合印刷要求时，要对印刷原稿进行恰当的调节，才能印制出既符合设计者要求又有较高印刷质量的出色作品。如图4-18（a）为原稿，在层次、色彩、清晰度各方面都不属于高质量的原稿，在调节后形成图4-18（b）的效果，这样印制出的成品必然比原稿的效果要好。

对于印刷品的质量，需要重点考查以上四个方面（颜色、层次、清晰度、一致性），若这四个方面达到了要求，则可以认为印刷品是合格的。同时，需要注意的是印刷质量标准是初步的、客观性的参考，印刷质量的优劣评定需要根据具体对象和设计者的需求而定。

二、印刷品的质量评价

印刷界常把印刷品质量的评价分为主观评价、客观评价和综合评价三类。

1. 主观评价

主观评价通常是指由人眼而不是用仪器进行质量评判，即由人眼评价出人们对印刷品的主观印象。

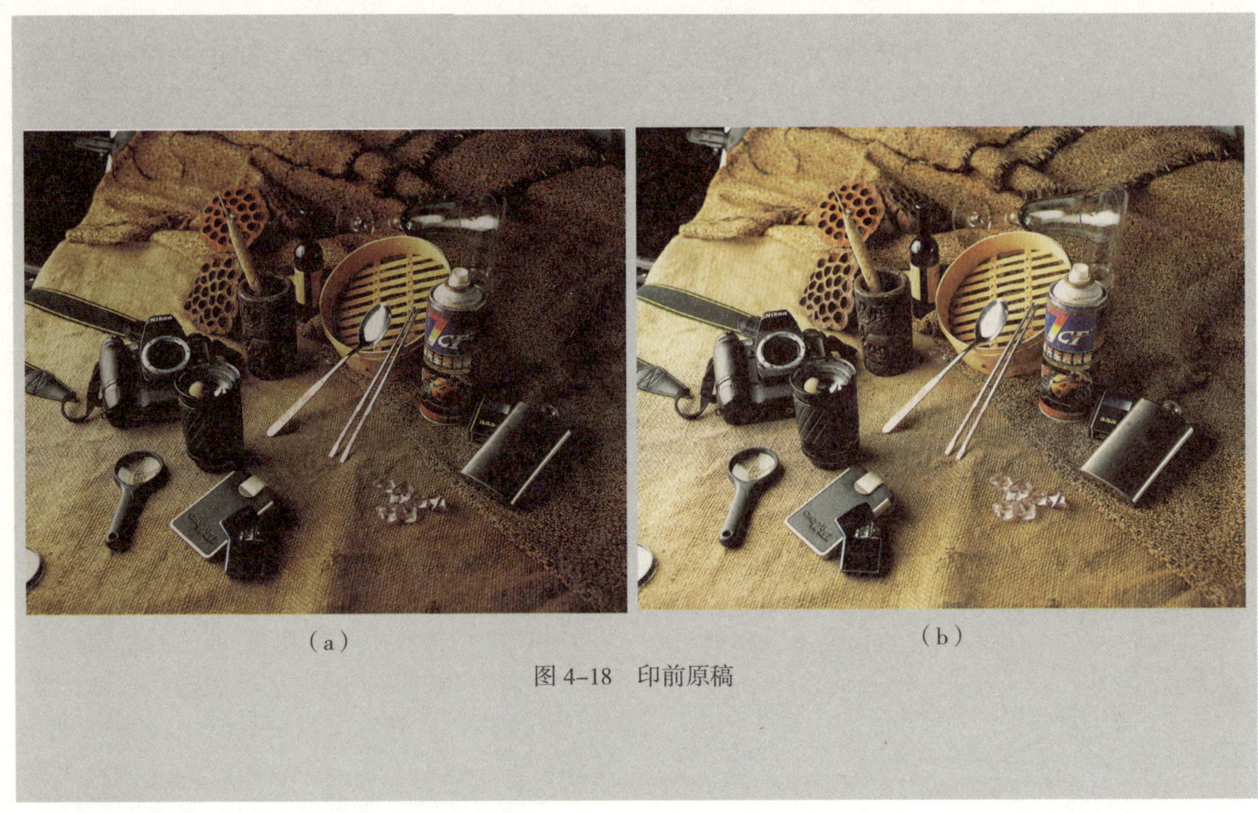

（a）　　（b）

图 4-18　印前原稿

2．客观评价

客观评价方法，本质上是要用恰当的物理量或者说质量特性参数对图像质量进行量化描述，为有效地控制和管理印刷质量提供依据。

对于彩色图像来说，印刷质量的评价内容主要包括色彩再现、阶调层次再现、清晰度和分辨率、网点的微观质量和质量稳定性等内容。可使用密度计、分光度计、控制条、图像处理手段等测得这些质量参数。

3．综合评价

由于印刷品是技术与艺术结合的产物，具有精神和物质双重性，因此，对印刷品的最终评价，需要对印刷品具体性能指标的客观评价结果和人对印刷品效果的感觉综合评定。

所谓的综合评价方法就是采用主观评价方法来确定客观评价方法难以解决的变量间权衡的方法，具体来说是以客观评价的数值为基础，与主观评价的各种因素相对照，得到共同的评价标准。

思考与练习：

1．了解各种印刷方式的特点及不足。

2．掌握印前基本工艺流程。

3．怎样合理评价印刷制成品的质量？

第五章　印刷与平面设计

图 5-1　《幻境》印刷推广　邹昀

第一节　印刷类平面设计

一、印刷类平面设计的种类

平面设计以其作品最终完成的载体为标准，可分为印刷类平面设计和非印刷类平面设计。平面设计中很大一部分是印刷类平面设计，且其内容和范围很广。印刷类平面设计一般包括：书刊、包装、报纸、杂志、画册、票据、账单等的设计（图5-1、图5-2）。

图 5-2　摄影工作室印刷品　徐然

还包括以下3类。

办公类：指信纸、信封等与办公有关的印刷品。

宣传类：指海报、宣传单页、宣传画册一系列与企业或产品宣传有关的印刷品（图5-3）。

图 5-3　宣传类

生产类：指包装盒、不干胶标签等大批量的与生产产品直接有关的印刷品。

二、印刷类平面设计的特点

颇具时代感和美感的平面设计印刷品拥有自身的特点，它渗透着作者由具象到抽象的创作艺术，但最终还需借助一定的承印物，并与恰当的印刷工艺相结合，才能使其产生独特的效果，带给读者视觉和触觉上的刺激。因此，印刷类平面设计与非印刷类平面设计相比，特点在于它是与读者面与面直接接触的，是零距离的传达，而且它与印刷工艺是紧密联系，相互影响的。

印刷类平面设计要求设计者除了要具备深厚的设计功底，还必须全面了解印刷工艺及一些相关知识，将设计与印刷相结合才能印制出事半功倍的设计作品。

第二节　装帧设计与印刷工艺

一、装帧设计概述

装帧设计主要指书刊的装潢，包括书籍装帧、刊物、画册等的设计，是对书刊的总体规划和设计。其设计的内容包括封面、插图、书芯设计、版式与版面设计、开本、装订方式等。

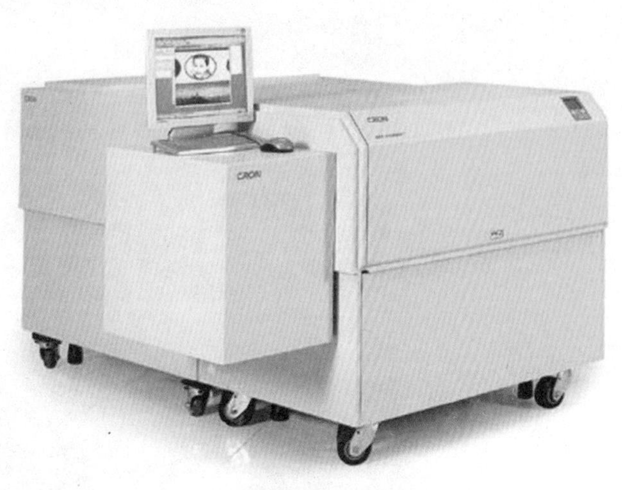

图 5-4　激光照排机

作为印刷类平面设计，装帧设计与印刷工艺是紧密联系的。

二、书刊电子排版系统

传统的铅活字排版作业已经不适合现代快速、高效的生活节奏，电子照排版技术顺势而发，是印刷技术发展的必然，它是中国目前的印刷技术发展的重要方向。

铅字排版印刷技术虽为人类的文明、文化的发展作出了巨大贡献，但存在着许多弊病：如污染环境、工人劳动强度大、版面变化不灵活、效率较低等。电子排版系统以崭新的面貌为印刷业、出版界、新闻界带来了蓬勃生机。它以效率高、版面灵活、周期短、字库齐全、工人劳动强度小等优势完全取代传统的铅排技术，成为出版印刷业的主力军。

电子照排字系统主要包括：输入终端、编辑校改、激光照排三个主体部分。

硬件中包括：扫描仪、电子计算机、照排控制机、激光印字机或激光照排机。软件部分比较多，根据工作目的可灵活选择，例如绘图软件、书版组版软件等。这两部分有机地统一在一起，成为电子排版系统不可分割的部分（图5-4）。

如何利用电子排版系统排出或印出精美的书刊呢？

第一，要将文件录入到电脑中，即借助编辑录入软件，将文字通过键盘输入电脑。第二，借助一系列排版软件，将已录入的文字进行排版，这里将要用众多排版指令来确定整个文件的全貌，如标题的设定、字体字号的选择、尺寸大小、行间距离等，这个过程称作排版。第三，通过显示软件，在电脑屏幕上将排好版的文件显示出来，编辑人员需要对其进行校对修改。这个过程需要编辑人员的耐心和细致入微的态度。第四，将校对好的文件，通过照排软件传送到照排控制机中，最后在激光照排机上输出，形成软片。至此为止，电子照排系统所需完成的工作便结束了，下一步将通过晒版、上版、胶印等一系列印刷工艺将文件转化成精美的书刊。

目前可供书刊印刷选择的有两种类型照排系统，即普通激光照排和精密激光照排。普通激光照排是微激光照排系统，主要的设备分为录入终端、打印机、16开或8开激光照排机，它的价格和性能介于电脑照排和精密照排系统之间。精密激光照排系统，主要设备为录入机、编辑终端、主计算机和软件、激光打印机、照排控制机、激光照排机等设备，同时还包括几何图案、黑白图像一次扫描输入、图文综合编辑校改后的图文一次输出等设备。

三、书籍制作工艺流程

书籍制作流程，因书籍装订方式的不同而不同，其中无线胶订和精装书籍较为典型。

（一）无线胶订书籍制作工艺流程

无线胶订是在书脊处涂刷胶液，把书页粘合在一起的书芯订连方法。其制作工艺流程如下：

撞页和裁切印刷页→折页→压平→配页→装订、包封面→干燥→切书→检查包装。

（二）精装书籍制作工艺流程

精装书籍的封面、书腰在加工和用料上都比平装书要讲究，所以经典著作、画册、学术著作、工具书等大多使用精装。精装书籍的制作工艺可分为三大主要工序，即书壳制作、书芯加工、上书壳。典型的精装书籍制作工艺流程如下：

1. 书壳制作

裁切书壳纸板、封面材料及中径纸→书壳制作、压平及干燥→书壳加工。如下图《蓝布印花》书籍书盒的制作过程。

印制书壳图样后，喷胶粘在厚纸板上并刮平（图5-5、图5-6）。

书壳的设计不采用连体包裹，而是将厚纸板切割后使其内部纹理露在外，突出《蓝布印花》朴实的本色。把书壳三部分切割后分别喷胶粘在覆膜纸上使其牢固（图5-7至图5-9），对书壳压平干燥后，加工成型（图5-10）。

图 5-5 粘贴

图 5-6 刮平

图 5-7 裁切

图 5-8 粘贴

图 5-9 压平

图 5-10 《蓝布印花》

2. 书芯加工（圆背有脊）

压平→刷胶→干燥→裁切→扒圆→起脊、刷胶→贴纱布、书脊纸、堵头布→干燥

过程实例如下：蓝布印花一般可分为蓝地白花和白地蓝花两种形式，所以书芯的设计采用蓝白两本相连的形式。首先，将两本书进行刷胶（图5-11、图5-12），干燥后按照实际尺寸裁切书贴（图5-13）。

书芯部分制作完成（图5-14、图5-15）。

封皮印成后，进行覆膜、压痕（图5-16）、

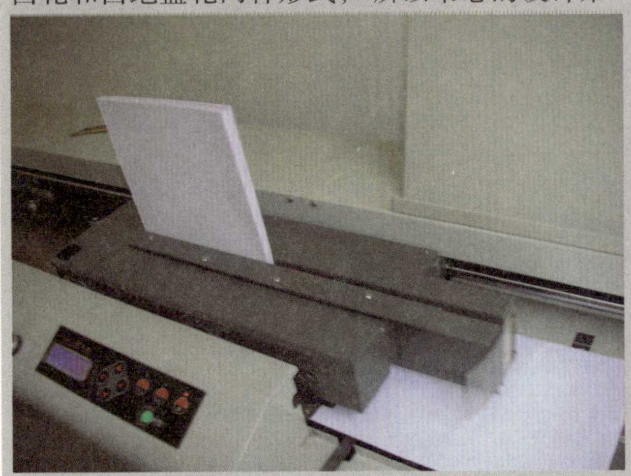

图 5-11　上胶机

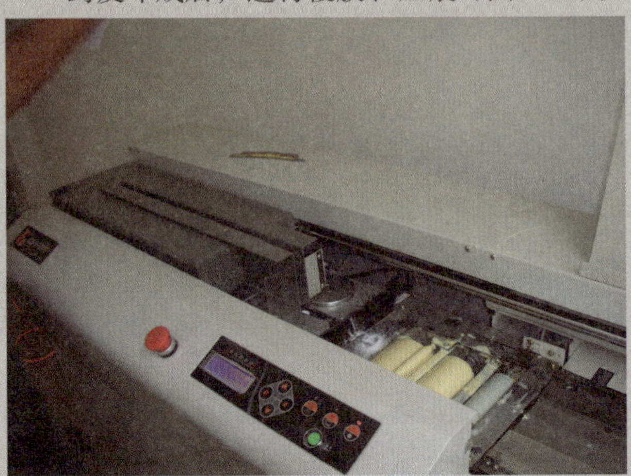

图 5-12　书脊刷胶

图 5-13　裁切

图 5-14　裁切后书芯

图 5-15　加封皮

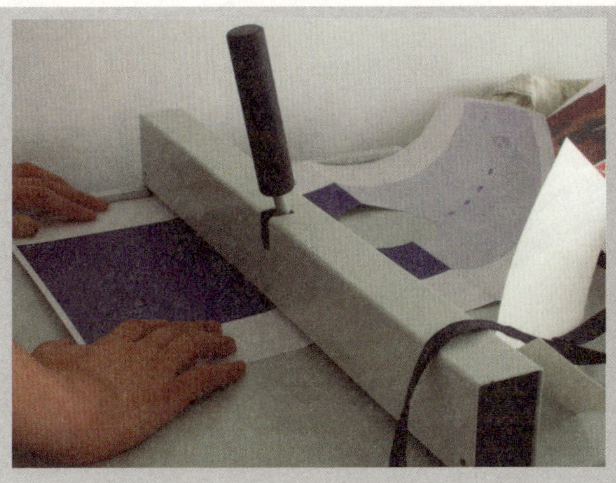
图 5-16 压痕

图 5-17 镂空

图 5-18 装封皮

图 5-19 刮平

图 5-20 裁切毛边

图 5-21 书芯完成

图 5-22 展开效果

剪切镂空图形（图5-17）、装封皮（图5-18至图5-20）等一系列制作。

最终书芯完成（图5-21、图5-22）。

3. 上书壳

套书壳及扫衬→书籍压平及压槽→成品干燥→包装及贴封签。把书芯粘在书壳上，并压平固定结实（图5-23、图5-24）。

使用书套时还要完成以下工艺：裁切书套纸板→模切与压痕→制书套→包装及贴封签。

四、书籍的页面编排与尺寸设定

（一）书籍的页面编排

图 5-23　套书壳

图 5-24　书籍压平

书籍的页面编排主要体现在字数的设定、页数的确定、版面设计、拼版的方式等方面。

1. 字数的设定

在页面字数的设定方面，要注意行间距和字间距，书籍的内文版面，四周一般都有空白，版心不可太大，会造成视觉拥堵。一般中式书籍的天头大于地脚，而西式书籍常为居中。常见的版心字数：正16开，成品尺寸185mm×260mm，字号为5号，字距为1.8mm，每行字数为40，每页行数为40，文字版心尺寸为149mm×222mm。正32开，成品尺寸为130mm×185mm，5号字，1.5mm行距，每行字数为27，行数为27，文字版心尺寸为100mm×148mm。

2. 页数的确定

书籍的页数要根据开数而定，要尽可能的做到不浪费纸张、最经济、便于制版印刷、易于装订。页数多、印数大、插图少的书刊，常拼成整张版来印刷；页数少、插图多、印数少的书籍或画册等则用对开版或四开版进行印刷。通常32开书刊的理想印刷页数是16的倍数，16开书刊的理想页数是8的倍数，8开书刊的理想页数同样是8的倍数。

书芯的页面编排，需统筹安排版心大小，遇有零页时，为了节约制版费和纸张，要尽量按照印张的半拼版数编排，到时做翻版印刷。

3. 版面设计

版面设计是指在书籍的最小组成单位面上，对文字、图片、页码、空白等的设计与编排。版面常包含版心、订口、切口、天头、地脚，其中版心包括：标题、正文、图片、表格、页码、附录、索引等。版心四周的白边，上端称天头，下端称地脚，靠装订的一边为订口，另一边为切口。

全书版心位置和尺寸应统一设计，有特殊需要的少数版面，可以超版心、加宽页面、跨版面编排。以图片为主的版心，可以整版满排，不留天头、地脚、切口、订口。这种编排，属于出血的图片版面，需要在天头、地脚和切口的边缘设置出血线，以免裁切后露出白边。

4. 拼版方式

拼版方式是指装订前页码的编排情况。装订方式不同，决定了拼版的方式亦不同。拼版时以四的倍数面为一单位，如8面、16面、24面等。16开的书籍，设其页数为32面，当采用骑马订时，其1～8面和25～32面在同一张印刷纸张上，9～24面则另外在一张纸上；当采用平装时，1～16面则在一张印刷纸张上，第二张纸则为17～32面。

图 5-25 《重读胡风》

（二）书籍的尺寸设定

印前书籍版面尺寸除了印刷常用尺寸外，还受书籍内容、设计风格、印刷工艺、承印材料影响。因此书籍版面尺寸的设定要进行综合考虑，全面灵活的设定。

1. 书籍内容的影响

书籍装帧时常按照统一开本尺寸，而书籍内容的长短和印张页数的多少影响着书籍尺寸的设定，页数越多书脊越宽，设计者应该在有限的印张内合理安排书籍的内容，进而设定好书籍的尺寸。

2. 设计风格的影响

书籍版面的常规尺寸和非常规尺寸的选择，受书籍的设计风格的影响。文学题材以及政治性题材的书籍更侧重于使用功能，往往是中规中矩的正统风格，以体现出庄重、威严的形象，这种书籍尺寸规格的设定也相对常规，基本按照统一开本尺寸，如图5-25《重读胡风》的尺寸设定，采用了常规尺寸，体现出文学书籍的厚重感。而今随着时代的发展，为满足人们不断提升的审美需求，设计师们设计出众多具有时代感和设计感的书籍，此类彰显个性和美感的书籍需要设计者打破常规尺寸的束缚，根据书籍设计风格做出灵活的设定。图5-26中书籍《非・方圆》是细长形的外形特点，与此书的现代风格相契合。

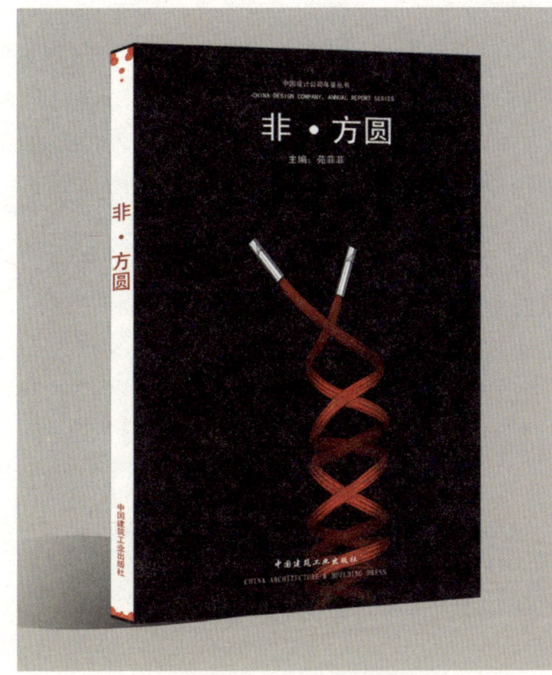

图 5-26 《非・方圆》

3. 印刷工艺的影响

书籍装帧是立体的，印刷工艺将书籍由最初的平面走向最终的立体，在印前设计阶段需要整体测算其尺寸。

第一，书籍设计时要把握好开本尺寸，符合印刷，这样可以充分利用纸张，降低印刷成本。这要求设计人员，熟练地掌握印刷常规尺寸，纸张最常见规格分别是正度纸：787mm×1092mm；大度纸：889mm×1194mm。纸张最常用的开切法有两种，第一种是几何级开切法，这是将全张纸按反复对折的原则开切，其优点是开数规整，纸张的利用率为百分之百，图书生产周期短，成本低。但是这样的开本数有限，如想设计一种独特的方型开本、异型开本如20开、24开、40开、18开、36开等，就难以为继。此时可采用第二种开切法——直线开切法，这种方法是将全张纸横向和纵向均按直线开切，即可开出许多种开数，纸张也不会浪费。但是，这种开切法不是完全的反复等分，不能完全用机器折页，故开切纸张时工序较多，印制周期会拖长，成本也会增加。选择开本时，应该征求发行部门的意见，因为他们能从图书市场的角度来判断这种开本是否适宜。目前的裁切规格尺寸大度为：大16开本210mm×297mm、大32开本148mm×210mm和大64开本105mm×148mm；正度裁切尺寸为：16开本188mm×265mm，32开本130mm×184mm、64开本92mm×126mm。

另外，纸张在印制过程中还要进行印前的磨边裁切（每边3mm），最后在成品裁切时也需有最小3mm 的切口。印刷时要留出咬口（约8~12mm），如为套色印刷时还要留出十字线的套准位置（约5mm），因此需合理计算图文区净尺寸。

书芯的页码数应能拼成整印版数，即将八个16开或十六个32开页码拼成一张对开印版在对开印刷机上印刷，四个16开或八个32开页码拼成一张四开印版在四开印刷机上印刷。如果页码数缺少，不能拼成一整张印版，印刷时就要用白纸补足，折页前再将空白页码裁切掉，这样便浪费了纸张。若插页的用纸与封面和书芯的用纸都不同，设计插页的页码数时就必须考虑到印刷时的印版数。道理同上，页码数尽量设计成四的倍数。

第二，在设计时要注意留出出血线等以避免造成印后工序的繁杂。如，封面尺寸的设定，设计者欲设计297mm×210mm，书脊为20mm，勒口为40mm的书籍，那就需要设定尺寸：宽度为297mm+6mm 长度为43mm+210mm+22mm+210mm+43mm，其中长和宽中都加入了出血尺寸，而书脊尺寸中加入了2mm的压痕和胶装的误差。书籍越厚封面的尺寸设定越应该比内页大，尤其应该注意书籍封面的长度设定。

第三，在采用骑马订的书籍设计中除了考虑以上的问题以外，还要精确的计算好纸张的厚度，适当的调整版心的位置，避免装订后出现内文外露的情况。如图5-27随着厚度的增加，后半部分的内页版心会不断偏离前半部分的装订线，页码的设定需要比前半部分向内偏一些，以免在裁切后造成页码不全。

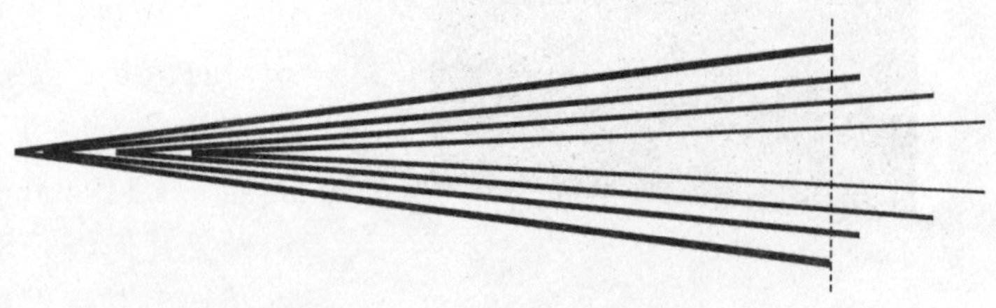

图 5-27 骑马订版心问题

第四，在锁线订的书籍设计中，装订需要一定的空间，因此要尽量避免跨印链接图片的设计，如果无法避免就要注意余留好拼接尺寸，以确保图片拼接的精度（图5-28）。

第五，边胶问题。胶装一般经过铣背、打毛、刷胶、包面等过程。在此过程中要注意边胶与文字的关系，胶装时要磨损和黏合一部分纸张，为了保证文字或图片的完整性，要余留出上边胶的尺寸，切不可紧贴上胶的边缘进行设计。

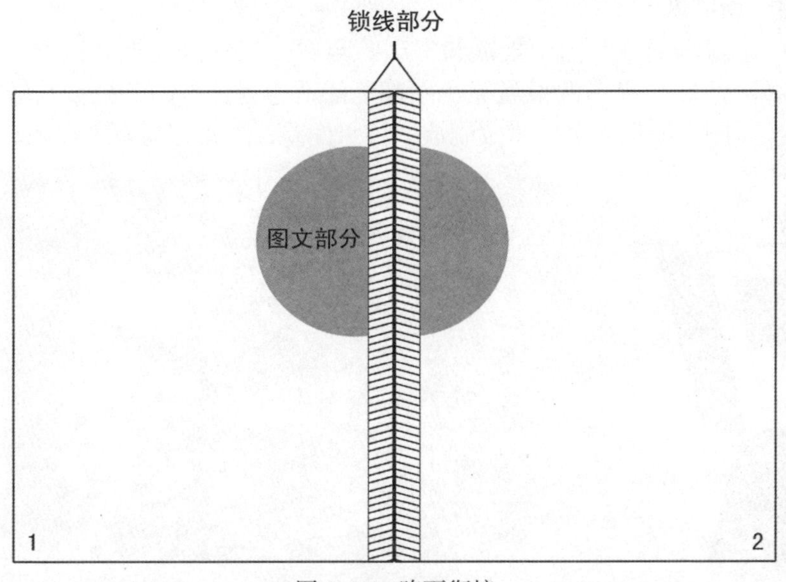

图 5-28 跨页衔接

五、印刷材料在装帧设计中的应用

书籍装帧设计是经过艺术设计赋予书籍一个恰当的形式，装帧材料的运用是设计的一个不可或缺的提升，同时展现出独特的设计观。恰当地运用材料可以起到画龙点睛的作用，能够丰富书籍的内涵与外延。

书籍材料可以带给读者许多触觉和视觉上的情感传达，恰当地利用各种材料的质感、色彩、光泽、使用性能等，有助于书籍主题的表达和整体效果的表现。因此，设计师必须系统地掌握书籍材料的性能，将其与装帧设计有机结合，使书籍装帧意蕴的表达得到进一步的提升。

随着人们审美水平的提高，书籍装帧材料出现了多元化趋势。书籍装帧中常常运用玻璃、牛皮、金属、塑料、纤维等各种材料，另外现今出现了许多既环保又有艺术气息的材料，如废旧麻布、废报纸、废竹片等综合性材料。

（一）纸的魅力

纸张类材料是印刷最主要的承印材料。不同的纸张具有不同的效果，现在的书籍设计非常讲究触觉，纸张的光滑与粗涩，轻薄与厚重，柔软与坚挺，都会对读者的心理产生不同的影响。所以我们必须要考虑书籍纸张的质感，重量的适度，它们的轻重要与书籍内容相吻合，甚至纸张表面的光滑度、光泽度、颜色都要符合书籍的风格，并且还要考虑封面、环衬、扉页、正文等各种不同结构的所用纸张是否能够在色彩、重量、肌理方面互相协调。

常用印刷用纸分为新闻纸、凸版纸、胶版纸、铜版纸、白卡纸、白板纸和书写纸等。其中新闻纸、凸版纸、胶版纸、铜版纸、卡纸等常被用于书刊。

1．新闻纸

新闻纸主要用于报纸和书刊的印刷。其特点是纸质松软、弹塑性好、吸墨性很强等。新闻纸能适合各种不同的机械轮转机印刷，但是它多以木浆制成，抗水性差，纸张容易发黄发脆，

图 5–29　铜版纸书籍

图 5–30　铜版纸宣传册

因此不宜长期保存。在印刷品质方面，新闻纸的白度差，杂质多，印刷图像的质量低。

2．凸版纸

凸版印刷纸，主要是供凸版印刷机印刷的纸。这种纸的性质与新闻纸略有不同，其表面平滑，抗水性和白度都比新闻纸略高，吸墨性也较均匀。

3．胶版纸

胶版印刷纸是平版印刷的主要用纸。其特点是：平滑度和白度高，伸缩性小，表面质地紧密，具有较好的表面强度，在印刷过程中不易有起毛或掉粉等毛病，能够印制出色质纯度高的印刷品。

4．铜版纸

铜版纸是印刷涂料纸的一种（图5–29、图5–30），它是在纸面上涂有一层白色浆料，来填充纸表面的纤维间隙，再经压光而成。这种纸是一种高档纸，表面白度、平滑度和光洁度很高，能够较清晰地再现原稿的层次感。主要用于画册、宣传单、明信片等。铜版纸光洁度高，比较适合高质量的以图片为主的书籍，如：摄影图书、插画图书、宣传册等，装帧类的作品一般采用200克以下的铜版纸，封皮可根据设计的需要适量

增加克数，但要注意的是克数越大的铜版纸在折痕处会有裂痕，因此做书籍封皮时要选用柔软性好的纸。

5. 卡纸

卡纸分为白卡、灰背卡、铜版卡等，属于厚纸，它的印刷性能好，白卡给人一种白净之感，主要用作封面内衬页等。

6. 特种纸

特种纸作为一种新纸种，品种风格非常多，目前，各种特种纸已被广泛的用于书籍装帧，如：封面、封套、环衬、扉页、书签等。带有自然纹理的纸将不规则的凹凸感呈现在纸上，再通过不同的折叠方法应用于装帧设计之中，使人看后产生触摸的冲动，如图5–31。

图 5–31　吕敬人设计作品

特种纸是将不同的纤维利用抄纸机制成具有特殊机能的纸张，特种纸往往艺术感突出，可以提升作品的立体和空间感，特种纸在书籍中的运用往往会带给读者清新自然或是独特新奇的感觉。以下为几种常用特种纸的应用。

图 5–32　《关注当下》

（1）牛皮纸　牛皮纸多采用阔叶木浆为原料，以硫酸盐工艺制造，造价低。它的特点是表面多孔，颗粒较粗，强度和撕裂度较好。牛皮纸有多种，如：普通牛皮纸、袋用牛皮纸、白牛皮纸、条纹牛皮纸等。图5–32泼墨绘画与牛皮纸背景相搭配，顺其自然的形成简洁厚重的书籍效果。图5–33、图5–34为牛皮纸书籍印刷品，在牛皮纸固有色的映衬下，书籍色彩平衡搭配，使该书显出浓厚的西藏风情。

图 5–33　牛皮纸书盒

（2）刚古纸　刚古纸的发明和投产已经超过一百年的历史，现今刚古纸已成为高品质商业、书写、印刷用纸。刚古纸的规格有100gsm（有水印）的，适用于大饭店、宾馆、企事业的各类办公和宣传用品的印刷；120gsm的可印刷信封、书刊、公司报告、菜单、目录、说明书、宣传画；220gsm的多用于制作名片、封套、请柬、菜谱、书刊封面等。刚古纸分为滑面、纹路、概念、贵族、数码五类。其中纹路纸在我国销售广泛，为刚古之冠，

图 5–34　《西藏文化》

它具备凹凸不平的纹路，强烈的手感，深受设计师们的钟爱（图5–35）。

（3）植物羊皮纸　植物羊皮纸，又称硫酸纸，呈半透明状，纸质坚韧、紧密，而且可以对其进行上蜡、涂布、压花或起皱等加工工艺，外观上很容易和描图纸相混淆。硫酸纸较多运用于高档画册，在现代设计中也常被用做书籍的环衬或衬纸，这样可以更好地突出和烘托主题，又符合现代潮流，有时也用做书籍或画册的扉页。如图5–36在硫酸纸上印银、印图文、模切以及图5–37带有金箔的硫酸纸，都制作得别具风格。

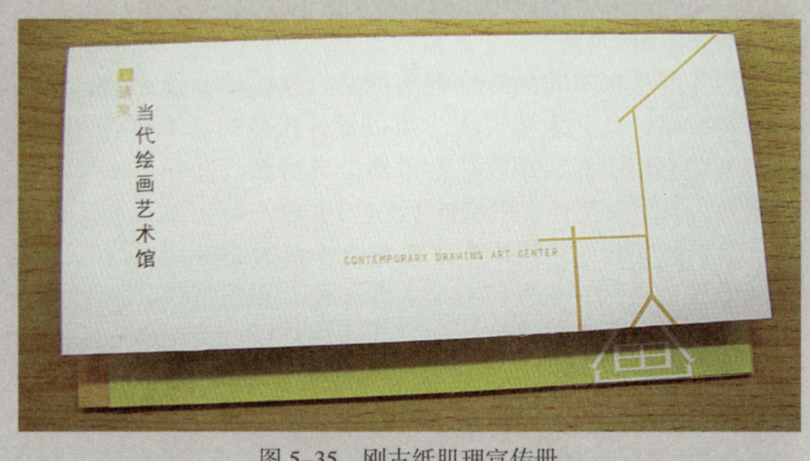

图 5–35　刚古纸肌理宣传册

（4）花纹纸　设计师不断寻求别出心裁的设计风格，使作品脱颖而出，许多时候花纹纸就能使它们锦上添花。这类优质的纸品外观华美，手感柔软，成品富有高贵气质，令人赏心悦目。花纹纸可以分为：抄网纸、仿古效果纸、珠光花纹纸、“星采”金属花纹纸、金纸等。如图5–38，通过金流星纸的运用，丰富了画面且增加了素雅别致的气氛。图5–39运用纸张特有的花纹纸肌理与设计图形、设计主题相协调，极富灵动感和现代感。

图 5–36　吕敬人书籍设计 2 号

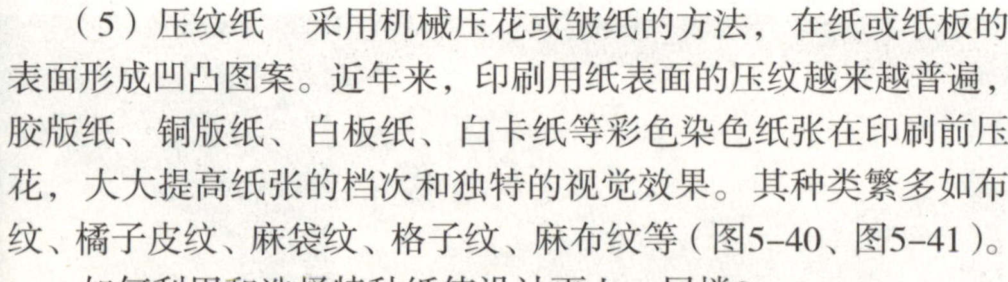

（5）压纹纸　采用机械压花或皱纸的方法，在纸或纸板的表面形成凹凸图案。近年来，印刷用纸表面的压纹越来越普遍，胶版纸、铜版纸、白板纸、白卡纸等彩色染色纸张在印刷前压花，大大提高纸张的档次和独特的视觉效果。其种类繁多如布纹、橘子皮纹、麻袋纹、格子纹、麻布纹等（图5–40、图5–41）。

如何利用和选择特种纸使设计更上一层楼？

①充分利用纸张的肌理效果和纹路色彩所表达出的情感，通过画龙点睛的简洁设计，实现既简约又美观的艺术效果，同时也将达到节约印费的目的。

图 5–37　蓝布印花宣传手册

②使用特殊工艺：模切、压凹凸、UV上光、电化铝烫印等。由于特种纸含长纤维较多，具有良好的挺度和韧性，适合模切和起鼓。特种纸常常具有丰富的肌理和质感，与电化铝、UV上

图 5-38 金流星纸纪念册

图 5-39 《幻镜》万花筒宣传册

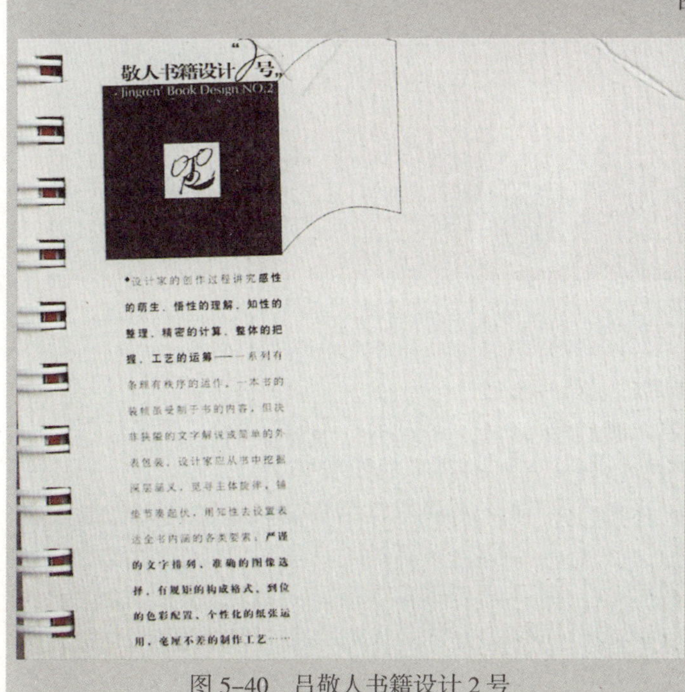

图 5-40 吕敬人书籍设计 2 号

图 5-41 《东巴文化》书盒设计 张磊

图 5-42 《赵氏孤儿》

光的光泽形成对比可以达到意想不到的效果。

③在众多的特种纸的选择中，可做多种尝试，不是选择最漂亮的纸，而是选择最能体现书籍内涵的特种纸，要与书籍风格进行适当结合，做到内外整体设计，切不可过度运用各种特种纸。

（二）综合材料之美

除了纸张之外的综合性材料，常被用于书籍封面和封套，如棉、麻、丝、塑料、木制材料、金属材料等纹理朴实自然，它们通过触觉、视觉与读者形成思想的沟通，散发出材料之美。

麻布，是一种朴素、庄重、大方的材料，它的运用可以增强书籍的整体艺术感，多运用于高档书籍、画册的封面，见图5-42、图5-43。

棉、丝织品比较适合做书籍的封套、封面，除了常被运用于线装和卷轴装的书籍，也被用于极富现代感的书籍设计中(图5-43)。另外，无纺布，作为新一代环保材料，制品色彩丰富、鲜艳明快、时尚环保、美观大方，且质轻、环保、可循环再用，被公认为保护地球生态的环保产品。无纺布在书籍装帧中的运用，常给书籍带来时尚现代、环保的理念。如《艺态05》书刊的封套设计，运用了无纺布这种材料，隐透出封面的趣味图文，传达出时尚现代的设计风格，加之在上面富有手绘感的生动的图形，会将读者在第一时间吸引过去，并揭开这道面纱探察它

图 5-43 国外书籍设计 作者 Tomato Kosir

所蕴含的思想（图5-44）。

塑料类印刷材质也被广泛应用于书籍装帧，不仅运用于书籍封面外的塑料套，而且以各种形式展开运用。

同时，木质材料和金属材料在书籍装帧中的运用彰显独特的设计意蕴，比如一些概念书籍的设计给读者带来无限的精神乐趣。如图5-45、图5-46《印亦有道》的书籍设计，通体以古老的铅字做封面，用带有纹理的木材来固定装裱铅字，封面的字体设计富有现代设计感，内容使用红色丝线穿绕装订，使得

东方精神与时代感并存，创造出一种特有的韵律与形式美。

六、印刷工艺对书籍装帧创新的影响

随着人们审美需求的多元化发展，书籍装帧的创新设计潮流逐渐显露。赋予书籍新奇的创意，在书籍形态方面表现的相对突出，而印刷工艺的运用对书籍形态创新产生着潜移默化的影响，同时，印刷色彩的巧妙运用也在书籍装帧中尽显个性。

（一）对书籍装帧形态发展的影响

印刷技术的出现，使书籍的形态发生了很大的变化。原来的卷轴装书由于太长，每打开一卷都让人感到不便，人们从佛经的贝叶中得到启发，设计出了“梵夹装”，装帧形态也逐渐成熟，后来经过折装书、蝴蝶装书、包背装书、到线装书为止，这些书大多数都是雕版印刷的，使用的材料为纸。

梵夹装，流行于隋唐时代，材质为纸。将单页的纸叠按顺序叠加起来，上下用厚纸和木板夹住保护，在中间穿两个眼，用绳子或皮条捆扎。梵夹装起保护作用的夹片与内文相连便成了封面和封底，对以后书的形态演进起了很大作用。

（二）对书籍形态创新的影响

1．概念书籍

概念，即是在一般规律的基础上，以崭新的视角和思维去表现形态，使之体现出物象的本质和内涵。现今所说的概念书籍，指形态与众不同，材料和内涵独特，具有独创性的书籍。在进行概念书籍的设计时需要通过与新材料、新工艺的完美结合来创作书籍设计的新形态。

在材料方面，除了采用各种独特的纸之外，许多概念书籍超出了纸的领域，采用玻璃、金属、木头等材料为印制对象，使书籍的形态设计充满了想象的空间，带着读者进入浪漫的书籍之梦中。现代先进的印刷技术完全能够打破书籍材料的限制，丝网印刷可以运用于除空气和水之外的任何材料的印刷，因此各种印刷材料可以在书籍创新中发挥它们的潜能。如《印亦有道》的设计，不仅在内页选材上有所突破，选用宣

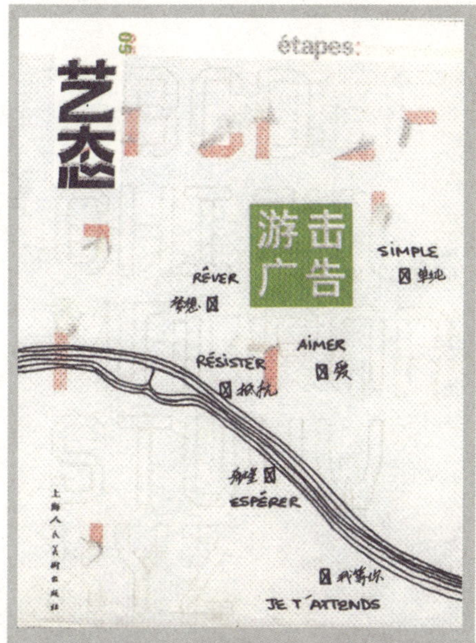

图 5-44　《艺态 05》材质封面

图 5-45　《印亦有道》1　王发

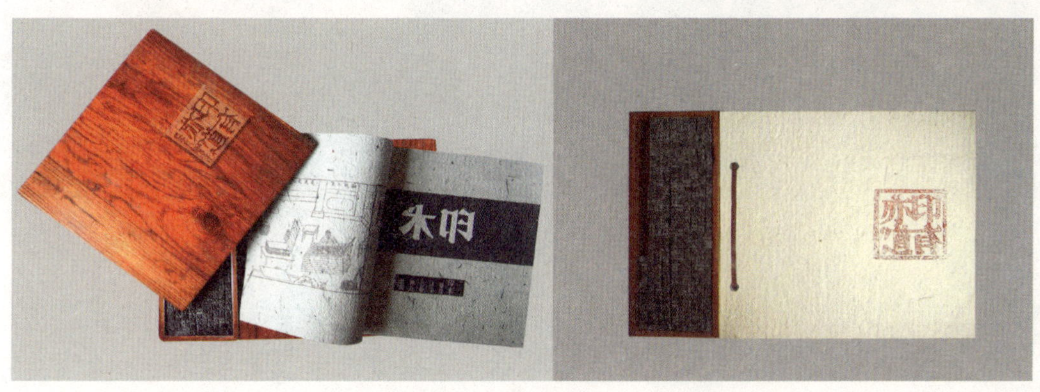
图 5-46　《印亦有道》2　王发

纸印制，而且在封皮的设计上，运用了木材，并运用雕刻工艺将具有现代设计气息的文字表现得淋漓尽致，加之金属铅字的配用，表达出设计者对印刷之道的一种回味与启示，使读者在阅读过程中享受到视、触、听的工艺之美、交感之美（图5-47、图5-48）。

在工艺方面，采用各种加工工艺使书籍的结构造型发生变化，打破以往书籍的造型特点，形成具有独特形态的书籍。作品《扇变》的设计，整个造型为我国古代折扇的形态，意在表达折扇这一传统元素在现今生活中的新状态，它运用模切、压凹凸、折叠等细致入微的工艺，与折扇细腻文雅的特质相呼应，加之木质材料的扇形模切书壳设计，为书籍增添了浓郁的生活气息（图5-49）。

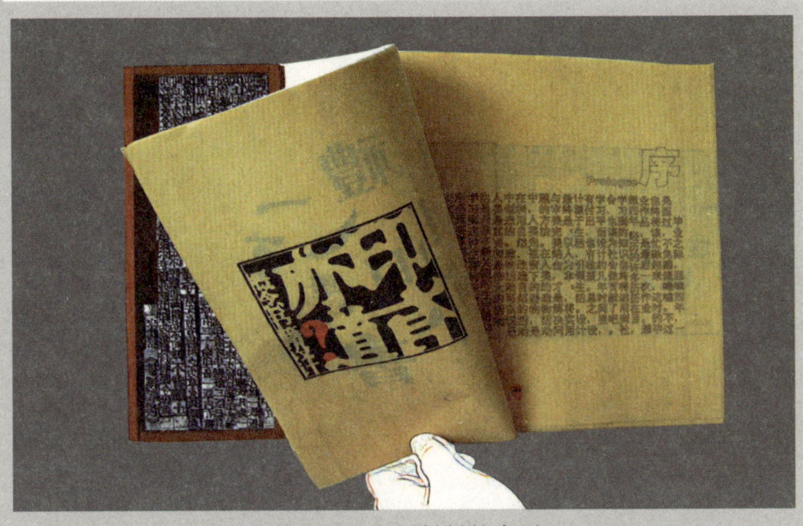

图 5-47　宣纸材料的内页

图 5-48　木制封面 王发

2. 游戏版书籍

所谓游戏版书籍，就是让人感觉到翻阅的同时似乎是在做一种游戏，它会调动读者极大的兴趣。如设计大师吕敬人的《书戏》设计，运用多种印后加工工艺，是一本富有想象力的书籍。设计者凭着一种童趣和兴致盎然的好奇心去探索未知，捕捉新意，洋溢着浓郁书卷气息的书香余韵。其中将压凹凸、起鼓等工艺运用于封套的趣味图形中，形成的独特肌理效果突出却又生动，加之折页结构的独特设计，当读者翻阅此书时，像是进行一场轻松趣味的游戏（图5-50）。

（三）双色及专色印刷表现

时代在发展，生活在创新，现代书籍设计逐渐呈现出图文互动的趋势，但是，传统的书籍设计手法千篇一律，印刷色彩呆板，单一。或者是单一色的黑白胶印，或者是使用四色印刷达到彩色效果，缺少个性与特色，使人乏味，难以以独特的“个性美”激起读者的购书兴趣。

图 5-49　《扇变》 王伟玉

图 5-50　《书戏》 吕敬人

设计者只要巧妙地运用图像处理软件，使用双色技术表现书籍，同样能够达到很好的彩色效果。使用双色印刷不但使书籍的设计效果极富有个性，而且大大节省了印刷成本。这样，就能有较大空间让利于读者，使发行数量递增。日本书籍设计大师杉浦康平，就通过双色印刷的巧妙运用，来达到独特的视觉效果，如图5-51。

杉浦康平的许多书籍作品，极大地运用和发展了双色套印手法，如图5-52，杉浦采用黄色纸，封面上印红、蓝两版，加上纸的颜色，印出来后产生微妙的色彩效果，让人无法想象到是双色印刷。

专色印刷是一种灵活多变的复杂的色彩印刷工艺，采用这种方式印制而成的设计作品，色彩明快、饱和。与四色印刷相比，成本略高，但对色彩的还原却比四色印刷优越得多。无论是纯度和明度极高的原色，还是纯度或明度较低的间色，专色印刷技术都能将色彩最完美地体现出来。另外，要恰当合理地使用专色，否则不但会造成色彩的失真，破坏设计者的创意和设计，而且还会增加经济上和时间上的浪费。在印刷书籍过程中，有时会单独使用专色，但很多时候是用正常四色中的两个

图 5-51 《银花》双色套印

图 5-52 双色印刷作品

或三个色再加一个或两个专色，两者结合使用（图5-53）。

图 5-53 专色印刷书籍

第三节 包装设计与印刷工艺

一、包装材料的选择

材料是包装的物质载体，是包装设计所有环节的物质基点，包装材料的恰当运用，不仅能加强包装的艺术效果，而且还体现了包装的品质。因此，设计师需要对包装材料的选择有所把握。包装材料的选择以科学、合理、经济为原则，首先考虑的是对商品使用的便利性和保护性，针对商品性质选择包装材料，如是粉末还是液体或是需要防震等。其次要考虑到商品的档次问题，降低成本，选择与商品档次相符的包装材料。

包装材料一般分为两大类：一为天然材料，二为人工材料。天然材料拥有自然的纹理，传递一种质朴的感觉，达到人与自然的融通，与人的亲和力较强，但不适合印刷，适合印刷的人工材料一般包括纸张类、纺织类、金属类、有机化合物类等。

（一）纸张类

白板纸，常被用做包装盒的纸板，比较结实，表面光洁，比较美观，因质地坚厚，对商品有保护作用，便于储存运输。

铜版纸，具有较高的平滑度和白度，质地密实，伸缩性小，印刷性好，印刷图案清晰，色彩鲜艳等，所以铜版纸被广泛地应用于商品包装中，例如各种罐头、饮料瓶、酒瓶等贴标，以及多种彩色包装。图5-54铜版纸印制后色彩鲜艳，层次清晰，体现出作品绚烂多彩的格调。

图 5-54 京剧角色创意包装

瓦楞纸，是一种有凹凸瓦楞的纸，它富有弹性，缓冲性能好，能够防止运输中的震动与挤压，而且其造价便宜成本低，适用于包装盒的隔衬与包装。瓦楞纸有两种：凹凸深度在3mm以下的为小瓦楞纸，凹凸深度在5mm左右的为大瓦楞纸。瓦楞纸印制的包装往往给人一种清新自然的气息，既在现代包装中经常被使用，也适用于一些传统气息浓厚的包装作品以及需要一定保护特性的包装图5-55至图5-57。

我国的瓦楞纸板印刷，过去一直延用丝网版漏印、橡皮凸版压印及滚印的印刷方式，现在已逐渐转向柔性版印刷，还有部分采用喷墨印刷。水性油墨的柔版印刷不论生产瓦楞纸所用的衬纸的平滑度如何，均能准确高速地进行印刷，是一种非常有效的印刷手段。同时，柔印油墨的不透明性好，可在生产瓦楞纸所用的牛皮原纸上进行艳丽色彩的印刷。

图 5-55 日本包装

图 5-56 国外瓦楞纸包装

图 5-57 瓦楞纸月饼包装

牛皮纸，是高级的包装纸，用途十分广泛，牛皮纸大多数应用于包装行业，同时，还应用于其他的行业。牛皮纸在外观上分单面光，双面光，有条纹和无条纹等。随着牛皮纸纸张越厚，耐磨度越高，防护性能也越好。图5-58为一款面食包装箱，中间部分运用厚牛皮纸的折叠，形成类似面形的弯曲缓冲面，象征着面食的弹性强，既富有创意又具备很好的防护功能。图5-59为国外两款牛皮纸包装。

此外，还有用于内包装衬纸的浸蜡纸和用于糖果包装的完全透明，有光泽的具有装饰性和保护功能的透明纸，薄透轻软的宣纸、麻纸、皮纸等。典型的代表如日本包装的材质运用（图5-60）。

（二）有机类

有机类包装材料是一种以合成的天然的高分子化合物为主要成分，塑化成型的产品。它具有质轻、绝缘、美观、耐腐蚀、易加工等特点，适合做各种包装材料和日常用品，在包装中常用的塑料有两种：软塑料和硬塑料。

塑料薄膜，塑料薄膜是厚度在0.25mm以下的塑料制品，具有防潮、抗氧、质轻、透明、气密性好等优点，一般以凹版和柔性版印刷为主，是一种常用承印材料。在包装上硬塑材质的造型变化空间非常大，而软塑材质的造型变化基本是随被包装物的外形而定（图5-61、图5-62）。

（三）金属类

纯金属，如：铁皮、铜版、金泊等，可以用来做各种饮料、糖果、罐头、奶粉等包装的材料。可以在上面印花，美观且密封性能好，有的可以反复使用图5-63、图5-64。

（四）纺织类

纺织品的品种较多，可分为毛、棉、麻、丝、尼龙、涤纶、锦缎等。纺织品的印刷一般采用网版印刷来进行，采用的承载物和工艺不同，印刷后的效果也便不同。

所述四类材料中，纸制包装材料的价格最便宜，印刷成本低，而且可回收再利用，有利于环保，因此发展最快。在现在和将来，纸包装材料都会起到很重要的作用，将是一种起主导

图 5-58 日本包装

图 5-59 牛皮纸包装

图 5-60　日本材质包装

图 5-61　日本蔬菜包装

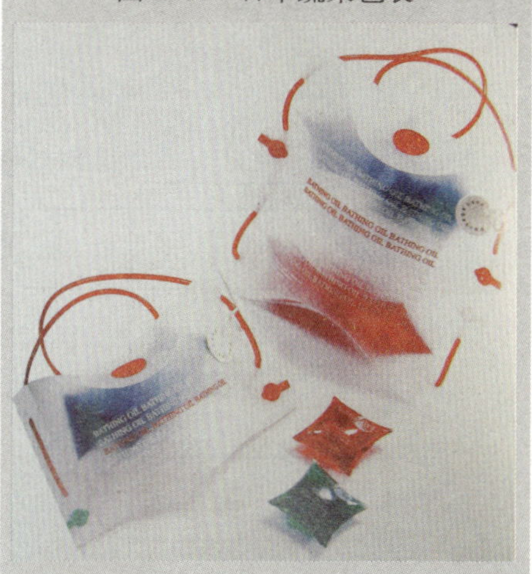

图 5-62　国外糖果包装

图 5-63　金属包装

图 5-64　国外罐头包装

性的包装材料。另外，无论是纸、有机类、金属、纺织类包装材料，其表面往往有不同的肌理，传达给人们的光滑、粗糙、白净、浓厚的感觉是不同的，设计师需要根据承印物的特性做出恰当的选择，设计出富有个性化的、风格迥异的作品。

二、包装设计与印刷工艺制作流程

包装设计与其他设计一样，会受到不同工艺条件制约，对包装来说，最大的制约条件就是印刷。一个良好的设计方案，要采取与其相适应的工艺条件来实现预期的效果，因此，对于一个包装设计师来说，仅掌握一般的设计规律与应用软件是不够的，对于一些有关印刷的工艺流程与原理我们不仅要知道，还要学会利用它。包装设计的工艺流程如下：

第一，在设计之前要提出包装设计方案，主要是有关于结构造型和包装表面装潢风格的构思。

第二，确定设计方案并进行包装的平面展开图设计。

第三，进入包装盒的制造工艺流程：制版、打样、印刷→表面加工→模切、压痕→制盒。

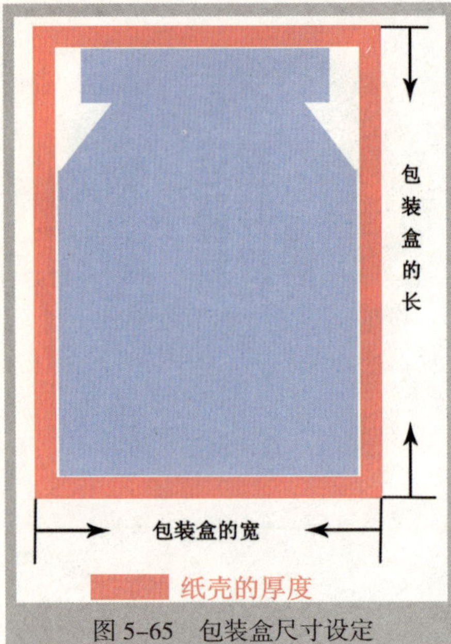

图 5-65　包装盒尺寸设定

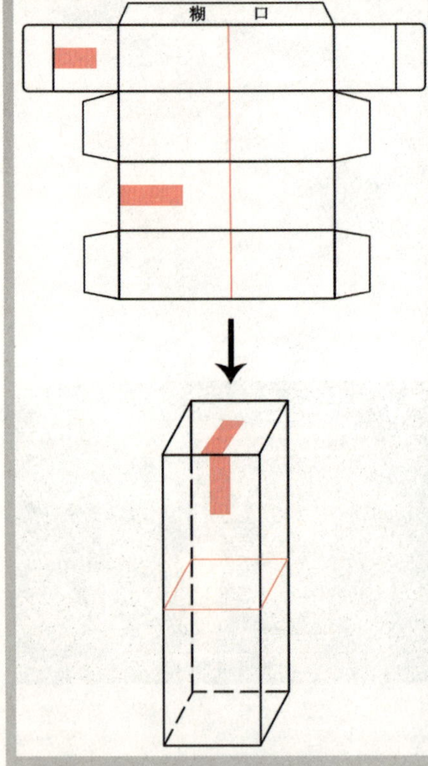

图 5-66　纸张拉伸后

设计包装平面图时应注意：

黑色必须浓黑，切忌灰、蓝色。要求黑白分明，墨色应绘制得平整清洁，无反光。否则会影响制版效果，甚至无法制版。

尺寸必须准确。为了减少浪费、降低成本，对于大批量的印刷品，其成品尺寸应考虑尽量符合纸张原料的开数包括拼版以后的印刷叼口，特定规格的例外。

成品切口线，是拼版、断裁的依据，要标出切口线，在墨稿上切口线之外的3mm处绘制出血线。打线时必须注意四角垂直，否则，照比例连续拼版后，误差会扩大。

凸版印刷的墨稿上，两块不能叠印的颜色相接时，可画一条细线来叠色以防因纸张伸缩而套印不准，产生露白，现在随着陷印技术的提高，这种露白现象完全可以通过数字技术进行调整。

三、印刷工艺对纸品包装尺寸的影响

由于印刷工艺的影响，包装设计稿需要在印刷之前进行谨慎的尺寸设定，以避免批量印刷错误的出现，设计师需要注意一些重要的包装尺寸问题，在设计之初做到运筹帷幄。

第一，在确定包装盒的尺寸时，要以内部容积为准，再加上所用纸壳的厚度作为最终尺寸（图5-65）。

除此之外，要根据包装材质的性能适当调整设计尺寸，如有的包装纸箱在潮湿环境中体积偏大一些，而当它离开潮湿温热的环境进入干燥的环境时，就很容易体积变小，进而不同于起初的设计尺寸，因此，在设计之初需要考虑环境因素的影响，尤其对于出口包装的设计应特别注意，要根据容纳的物品尺寸和环境进行适当的调整，产品包装盒要比产品体积大，注意尺寸外放，减少大批量包装的错误损失。

第二，包装中的敏感部位，如纸张的伸缩度（图5-66），当印刷的纸张的纸纹顺着印刷机的滚动轮时，纸盒的伸缩度大，很容易拉伸，造成尺寸与原设定值的偏差，反之若纸张的纸纹方向与印刷机的滚动方向不同时则不会出现这种问题。再者，包装盒的两个立面的交接处（图5-67）、糊口处（图5-68）等，在做设计时要特别注意，若在两个里面交接处有两个面衔接的完整图形，要注意设计图形衔接的准确性。糊口处是存在对接的，尽量避免设计在紧贴糊口边的色块，因为在对接粘贴时容易出现误差，而造成露白边的问题。

四、国内包装印刷材质的发展与环保

随着时代的发展以及商品出现的多元化，包装被推向了更高的层次，包装保护商品的原始功能提高到无声促销的功能，包装被赋予了新的使命。包装宣传商品的功能，促进了包装材料的多元化和质量的提高。

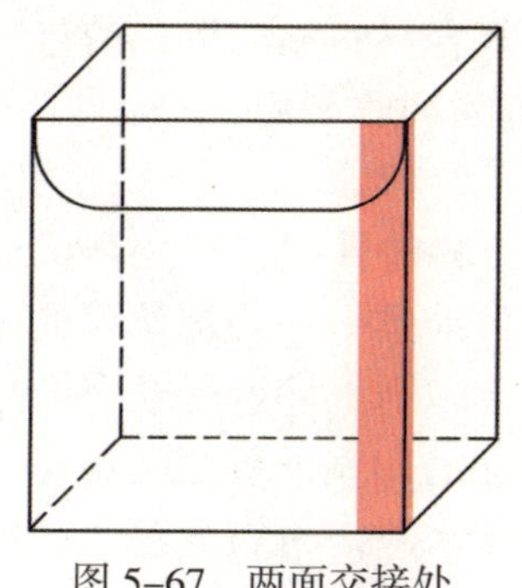

图 5-67 两面交接处

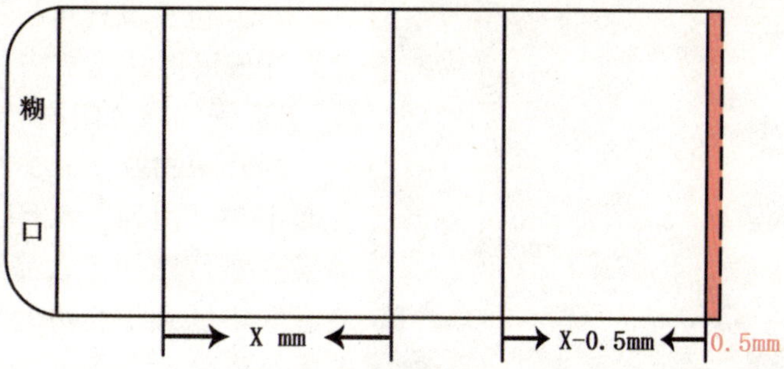

糊
口
X mm
X-0.5mm
0.5mm

图 5-68 糊口处

（一）在包装的初级阶段

包装材料取材于大自然，我国古代人民运用了各种包装材料，从草、木、藤、竹到纸、布、绸、缎、麻，从各种金属器皿到今天的塑料薄膜、复合包装材料的出现，经历了十分漫长的岁月。我国古代人民早在几千年前就创造了彩陶，它是当时保存食品的优良包装材料。随着漫长岁月的流逝，纸、玻璃、金属等材质出现，大量取代了用天然材质，促进了包装技术的发展。最迅速的阶段年代发展起来的复合包装材料，如纸塑复合材料、塑与塑复合材料，可代替金属、玻璃、纸等包装材料，提高了包装的结构性、印刷性、阻隔性，使包装更便捷。近几年来包装用塑料制品发展迅速，高压聚乙烯、低压聚乙烯、聚丙烯等已成为主要包装材料，各种复合薄膜及各种塑料容器、编织袋、中空瓶等也得到了快速发展。

（二）环保的绿色包装

现今我国包装材料得到了迅速的发展，但同时也带来了许多难以解决的环境问题，最主要就是包装废弃物对环境造成的污染，绿色包装成为时代的新理念，呈不断上升趋势，积极开发符合环保要求的商品包装已成为现今社会的共识。

绿色包装是指无害的、少污染的、符合环境要求的各类包装物品，它包括环境和资源再生两方面的含义。绿色包装，要求产品包装的设计、制造、使用和处理均应符合低消耗、减量、少污染等生态环境保护的要求。

面临这个考验，我们应该首先从包装设计开始注重包装的生态环保性。

（1）包装设计人员应尽量采用绿色无害包装材料进行包装，以便能极大地减少包装物废弃后对环境的污染。

（2）包装减量化以及包装材料单一化。在包装设计中使用的材料尽量减少，提倡简朴美观的包装，适度包装，摒弃过度繁复的包装，以节约资源。采用的材料尽量单纯，不要混入异种材料，以便于回收利用。

（3）重视包装材料的再利用。采用可回收、复用和再循环使用的包装，提高包装的生命周期，从而减少包装废弃物。

（4）包装设计可拆卸化　需要复合材料结构形式的包装应该设计成可拆卸式结构，有利于拆卸后回收利用。

（三）环保的绿色印刷

国外印刷业在减少墨量、印刷废料的处理、采用环保油墨方面走在了前列，柔印水性油墨是目前唯一一种被认可的无毒油墨，被广泛用于食品和药品的包装印刷。印刷是众多产品包装进入市场必须经历的环节，不环保的印刷油墨会间接对产品造成污染，有毒油墨的废料也会污染水源，进行绿色产品包装倡导绿色柔印方式。

柔性版印刷是一种环保的印刷方式，是高品质、高产量、易操作、高附加值、符合环保要求的印刷。其使用的油墨是环保型油墨，国外塑料薄膜印刷品大多采用柔性版印刷，它的环保优势是胶印、凹印等其他印刷方式无法比拟的。产品包装与印刷密切相关，绿色包装的设计一定要充分考虑印刷因素，选用合适的，无污染的印刷方式进行印刷。

绿色印刷同时也需要绿色材料的供应，在纸、塑料、金属、玻璃四大支柱包装材料中，纸制品的增长最快，纸的价格最便宜，既可回收再利用或作植物肥料，又可净化环境，是环保的包装材料。同时对天然绿色包装材料的研发，成为纸类包装发展的一种新方向，天然植物纤维稻草、麦秸、棉秆、糠壳等除可用作快餐盒外，还可将纤维经过碾压或编织，制成方便袋。有些天然植物纤维绵长强劲，更易编织草质袋，竹胶板包装箱可用于机械、电器等设备的运输包装，竹、天然灌木等还可编织成筐、篓等包装容器或制作成天然竹筒，盛放水果、蔬菜、茶叶等。天然矿物材料如黏土、陶瓷均可制成茶类、酒类等的包装，再者，将岩石颗粒膨化制成比重较轻的珍珠岩，加入少许黏合剂之后，可制成不同形状的缓冲包装。

思考与练习：

1. 胶订书籍的制作流程包括哪些工序？
2. 在实际应用中，体会各种印刷材料与书籍风格的统一。
3. 纸品包装尺寸在印刷工艺方面常见问题。
4. 绿色包装的定义和特点是什么？

第六章　印刷后期工艺

印后加工工艺是提升印刷品整体价值的工艺，是在印刷之后为了满足使用要求和提高外观质量，对印刷品进行加工工艺的总称。印后加工是书刊和包装不可缺少的工艺程序。

印后加工的繁简根据不同的印刷品而定，对于书籍封面可以采用局部上光油工艺，这种工艺使书籍更为细致，能够让读者感受到书籍优良的品质，这样书籍就通过印刷工艺得到一定的增值。而一般的报纸印后只需要折叠、打包，印后加工比较简单。

精美的画册、邮册、辞典等，需要用线将书贴锁订成册，经过磨边、起脊、压平等一系列工序制成书芯，再用各种装帧材料经糊裱、烫金、压凸等制成书壳，有的精装书籍的书脊还需要制成竹节状，加工后的精装书籍既美观又便于翻阅，有很高的欣赏和使用价值。

印刷后期工艺虽然是印刷的最后一道工序，但却不是设计师最后才去考虑和筹划的部分，而应在设计之初就把后期加工工艺考虑进去，要把其看成整个印刷设计过程中的一个不可或缺的组成部分。

印后工艺可以为印刷品增值，但应注意的是它也会增加印刷品的成本，因此需要设计师仔细斟酌，权衡好成本与品质，保证最后的印刷品尽善尽美。

第一节　表面加工

一、模切压痕工艺

模切压痕工艺是指在各种纸盒、商标等印刷品上根据图文形状和设计要求进行模切和压痕，使印刷品边缘呈现各种形状，或在印刷品上压出折痕，通常模切和压痕是配套同时进行的。普通方形的承印物可以直接通过裁切机裁切，如果是弧形、异形、开窗等就必须采用模切压痕工艺。

模切工艺是用模切刀根据产品设计的要求组合成模切版，

在压力作用下，将印刷品或其他板状坯料轧切成所需形状和压痕的成形工艺。

压痕工艺是利用压线刀或压线模，通过压力在板料上压出线痕，或利用滚线轮在板料上滚出线痕，以便板料能按预定位置进行弯折成型。压痕还包括利用阴阳模在压力作用下将板料压出凹凸或其他条纹形状，使产品显得更加精美并富有立体感。压痕工艺主要适用于文件夹、书盒、各种包装盒的加工，也适用于各种说明书、宣传册的折叠。

模切压痕工艺的应用可以改变设计作品的物理结构，利用镂刻的模切方式能够使作品结构、层次更为丰富，让读者既能体会到独特的设计趣味，又能方便阅读和获取信息（图6-1至图6-3）。

二、覆膜工艺

覆膜工艺是指将黏合剂涂布于透明塑料薄膜表面，经橡皮滚筒和加热滚筒加压后粘合在一起，形成纸塑复合印刷品的技术。

图 6-1　书籍模切效果

图 6-2　旦角手提袋

图 6-3　镂空宣传册

根据薄膜材料的不同，薄膜可分为哑光和高光两种，哑光塑料薄膜可以使色彩变暗、变灰。

覆膜工艺可以起到保护和装饰印刷品表面的作用，覆膜在印后加工中占很大的比重，大多数书籍都采用这种工艺，因为经过覆膜的印刷品，表面会更加平滑、光亮、耐污、耐水、耐磨、耐折、抗拉，也会增加和提高书刊封面的色彩浓度和亮度、对比度。另外，覆膜可以很大程度上弥补印刷产品的质量缺陷，许多在印刷过程中出现的表观缺陷，经过覆膜以后都可以被遮盖。

在我国覆膜工艺被广泛应用于各类装潢印刷品，对各种装订形式的书刊、画册、挂历、地图等，是一种很受欢迎的表面加工技术。覆膜工艺在我国飞速发展的同时，也带来了环境问题——白色污染，需要在技术上进行一系列调整来缓和这种难题。

三、上光工艺

上光工艺就是在印刷品的表面涂布一层透明的涂料，经流平、干燥、压光后，在印刷品表面形成薄而均匀的透明光亮层的工艺，它可以使印刷品表面光泽度更高，色彩更鲜亮，并且能使印刷品防水耐磨。

与覆膜工艺不同的是上光工艺具有环保性能，它因生产成本低廉、生产工艺简单、形成的刷品宣传效果好、提高印刷品的实用价值而被广泛应用，其应用的领域包括书籍装帧、包装装潢纸品、日用品、食品、文化用品等。

上光技术分为UV上光、水性上光、油性上光。

现在上光工艺的主要是UV上光，UV上光油是一种添加光固化剂的树脂，采用紫外线固化方式干燥。同时它是一种环保型的上光油，深受包装印刷界的青睐。UV上光迅速兴起并有取代塑料覆膜和溶剂型上光之势，这主要取决于其本身具有的下列特点：

（1）UV上光油几乎不含溶剂，有机挥发物排放量极少，因此减少了空气污染，可以改善工作环境和减少发生火灾的危险。

（2）UV上光油固化时不需要热能，其固化所需的能耗相对较少。此外，这种上光油对油墨亲和力强，附着牢固，并且可以使产品避免塑料覆膜工艺经常出现的缺陷，如翘边、起泡、起皱等。

（3）UV上光工艺处理后的印刷品，色彩鲜艳亮丽，而且固化后的涂层耐磨，稳定性好，UV上光油有效成分高，挥发少，用量省，成本低。UV上光后产品可以回收利用，解决了塑料复合的纸料不可回收而形成的环境污染问题。

近几年，书籍封面局部UV上光十分流行，这种印刷方式比烫印简单且效果新颖，它是在封面图文或某个部位用UV光油或发泡油墨进行的一种印刷加工，印刷后的图文突出，表面有立体感。如图6-4的封面设计，字母中的图案进行了UV上光，既带来细腻的工艺触感，又为整个设计增色不少。

无论哪种上光油，除了具备无色、无味、光泽好等特性外，

图 6–4　上光效果

还具备透明度高、不变色、日晒或随着时间变长而不会发黄、膜层耐环境性好，加工适性宽的特点。

四、烫金工艺

烫金工艺，也叫电化铝烫印，其目的是为了增加印刷品的光泽及装饰效果，提高印刷品的商品价值和档次，在纸张、塑料、皮革、有机玻璃等多种材料上进行烫印加工。随着物质文化水平的提高，人们精神文化的多元化要求产品的包装高档、精美、环保、富有个性化。在包装产品的印后加工

图 6–5　烫金工艺成品

中，电化铝烫印工艺因其独特的表面整饰效果被人们所喜爱，在钞票、烟酒、药品、化妆品等高档包装或书籍中都有应用（图6–5）。

电化铝压印时印版被电热板加热，通过热印的方式将电化铝烫印在承印物上。电化铝具有化学性稳定，覆盖力强，不褪色的特点。主要适合在纸张、木材、皮革、塑料、漆布等材料上进行烫印。

烫金工艺主要有两种功能：一是对作品表面的装饰，提高作品的附加值，爱好金碧辉煌、喜庆为我国民族传统精神状态，烫金可以彰显作品的华贵特点；二是赋予产品较高的防伪性能，采用全息定位烫印商标标识，防假冒、保名牌。

经过烫金工艺的作品，可以增加其视觉冲击力和提高档次，但它也有一定的工艺局限性，烫金工艺只适宜于块面图形、粗线条的图文，凹凸不平的纸张烫印效果会不理想。

五、起凸和压凹工艺

设计图形通过一种特殊印后加工工艺在印刷品表面形成立体的凸起或凹陷的效果，这种工艺称为起凸压凹工艺。

利用凸模板通过压力作用，将印刷品表面压印成具有立体感的浮雕状的图案称为起凸，加工后的印刷品局部凸起，有立体感，造成独特的视觉冲击。

利用凹模板通过压力作用，将印刷品表面压印成具有凹陷感的浮雕状的图案称为压凹。加工之后的印刷品局部凹陷，使之有立体感，带给读者触觉上的体验（图6–6、图6–7）。

起凸和压凹工艺都可以在纸面上形成浮雕效果，因此对于印刷作品中的某一个设计元素能够起到强化作用，来增强整个作品的视觉和触觉的感染力。如图6–8吕敬人先生的《书籍设计

图 6–6　国外名片

图 6–7　工艺名片

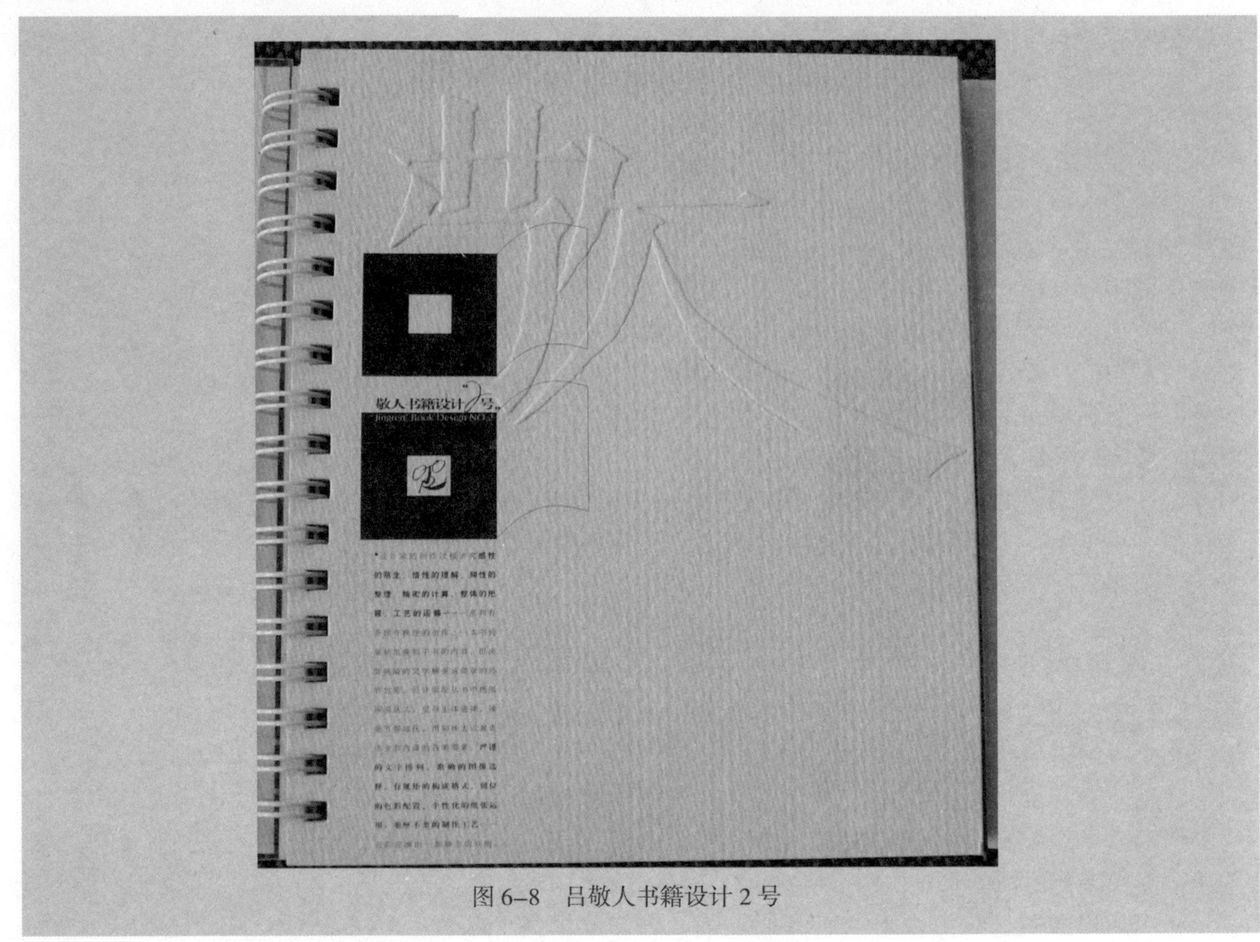

图 6–8　吕敬人书籍设计 2 号

2号》中运用了起凸工艺，强化了“敬”字的立体感，其具有凹凸感的艺术纸张与起凸工艺相映衬，使作品视觉主题显得自然而鲜明。

第二节　装订

装订是将书刊页加工成册的工艺总称。书刊的装订包括按照设计的开本，将印张折叠成书帖，再将书帖用各种不同的方法配成套，装订成书心，然后包上封面，切掉毛边，制成一本完整的书。

书刊装订不但关系到书刊的视觉效果，而且关系到书刊的使用寿命、阅读效果。没有装订就形成不了立体的书刊。

装订按产品形式分类，主要有平装、精装、线装等。每种装订方式有其特定的特点和形式。

一、平装

（一）折页

将印刷完毕的全张、对开、四开等印张，按照页码顺序折叠成书刊开本大小的书帖，或将大幅面印张折成一定规格的幅面称为折页。折页的方法有手工折页、机器折页。设计者在编排和设计时必须了解和适应折页方法和程序，尽可能地考虑到使折页方便而且裁切次数少，适合配页、装订的要求。

平行折，是把书页从右至左连续折叠。在折叠过程中，折缝都呈平行线，这种折页方式一般适应于纸张比较厚的书刊。

垂直交叉折，是前一折与后一折的折缝相互垂直。垂直交叉折页是简便常用的方法，16开、32开的全张或对开折页一般都采用这种方法。

综合折页，是在折页中，既有垂直又有平行的折页，这种折页方法常应用于折页机，32开全张双联折页常采用这种方法。

（二）配帖

配帖是将已经折成的全书书帖按页码顺序配集成书册的工序，是装订前的准备。配帖方式有两种：

（1）叠配，是将书帖按页码顺序一帖帖重叠堆积后成册的配页方法。叠配必须严格地按照页码顺序进行，不能缺帖、多帖和前后颠倒。

（2）套配，是将折好的书帖按顺序，从里或从外将数帖套在一起成册的过程。套配后的书册折缝均呈骑马状，多用于骑马订的书刊。

（三）订书

把配页后的书帖用铁丝、胶粘、串线等方法装订成册的过程称为订书。装订是书籍装帧的最后一道工序，书籍在印刷完毕后只是半成品，只有将这些半成品装订起来，使其变成易于阅读的印刷品，才能成为书籍。

目前，常见的订书方法有平订、骑马订、无线胶订、锁线订、Z字装订、开背装订等多种形式。

1．平订

平订是垂直于印刷品表面打孔的装订方式，主要分为铁丝平订、缝纫订、锁线订、圆形装订、无胶线订等方式。这种装订方式不适合于一些比较厚的书，用此方式装订后翻页比较困难，而且铁丝容易生锈，因此，现在这种装订方式已很少用，如图6–9。

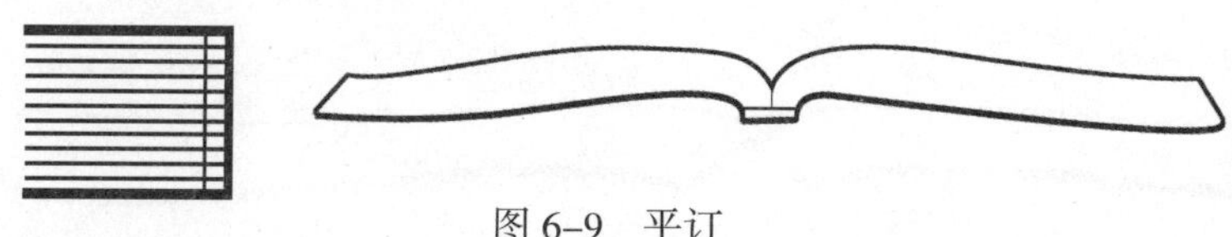

图 6–9　平订

2．骑马订

骑马订，是用铁丝从套叠起来的书贴折缝中，连同封面，在书脊上穿过而装订成册的装订方法。其成本低，速度快，但它的牢度低，使用时间短，容易脱落，因此一般用于装订64页以下的薄书刊(根据纸张的厚度而定)，其结构如图6–10。

应该注意的是，采用骑马订装订时，书籍页数的设定应该是4的倍数，这样可以充分的利用纸张，不会造成纸张的浪费。骑马订不仅价格低廉，而且其书页可以完全摊开，翻阅方便，

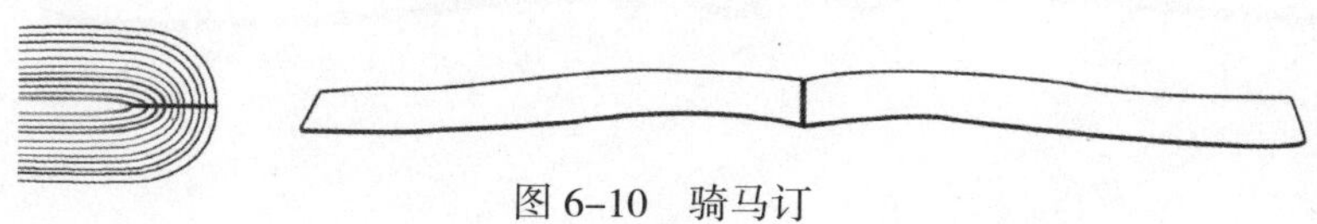

图 6–10　骑马订

尤其适合跨页设计，阅读效果好。图6-11中环保主题宣传册的设计，用骑马订进行装订，既带给读者便利，又显作品的高档精巧。

3．无线胶订

无线胶订，是只采用胶料粘合书芯的装订方式，它不采用纤维线或金属丝。它是在配好书页后，

图 6-11　环保主题宣传册 王林

进行铣背，打毛书脊，使书脊表面粗糙而成锯齿状，撞齐后用胶料将书帖粘合而成。无线胶订具有不占订口、阅读方便的优点，目前应用较为普遍，同时也存在着一定的缺点，一旦年久或受潮，胶料就会老化，书芯便会散落，过厚的书在多次翻阅后书脊容易断裂，因此厚书籍不宜采用这种装订方式（图6-12）。

4．锁线订

锁线订，是将已经配好的书帖，按顺序用线逐帖沿折缝串联起来，并互相锁紧。锁线订是一种质量较高、历史悠久的传统订书方法，不占订口，书籍容易摊平，翻阅方便，可以装订各种厚度的

图 6-12　无线胶订

书籍，并且对于胶质和各种外来条件的作用比较稳定，因此，锁线订书芯的牢度高，使用寿命长。锁线订书方法的缺点是生产效率相对较低（图6-13）。

5．Z字装订

Z字装订的书籍，封面呈字幕“Z”的外形，这种装订方式可以将两个独立的书籍联结起来，增

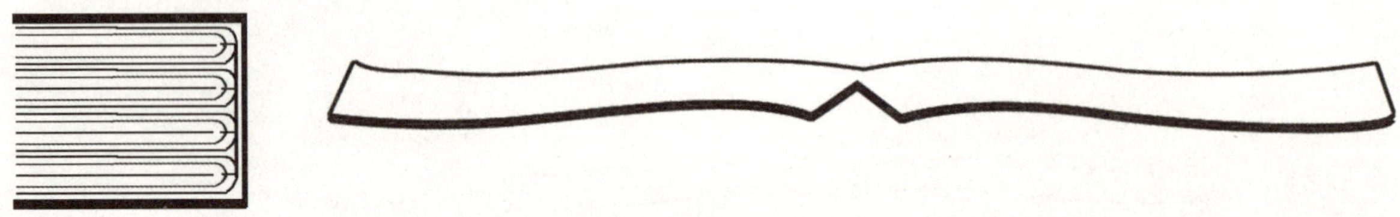

图 6-13　锁线订

添了书籍的趣味性和连贯性（图6–14）。

6. 开背装订

开背装订是一种备受设计师青睐的装订方式，书脊部分裸露在外，能够看到书贴锁线的结构。如图6–15，书籍的设计就运用了开背装订的方式，显示出独特的视觉效果。

图 6–14　Z 字装订

图 6–15　开背装订 王勇

二、精装

当页数较多的书籍，需要反复阅读和长期保存时，对质量的要求也就越高，因此常采用精装。

精装书一般用硬纸、皮革、织物、塑料等做封面，有的书脊上包布，对工艺的要求较高。精装书印制精美，不易折损，便于长久使用和保存，设计要求更加别致，选材和工艺技术也相对复杂，因此有许多值得考究的地方。

精装作为书籍的一种精致的制作方法，主要是在书的封面和书心的脊背、书角上进行各种造型加工后制成的。加工的形式和方法多种多样，如平装书的书脊是齐平的，而精装书的书脊则分为多种，有硬背装、柔背装和腔背装。当精装书籍的封面是硬质封面时，常常运用锁线订的形式装订，当圆背无脊和方背用塑料封面时，其装订往往用无线胶订的形式进行精装书的加工（图6–16）。

三、线装

线装是我国传统的书籍装帧方法，它不同于从国外引入的平装和精装工艺，是中国独创性的民族特色。它是从古代的蝴蝶装、经折装、旋风装和包背装演变而来的。线装工艺精致，便于翻阅，由于它加工费工耗时，而且装订后书籍携带不方便，一般运用于历史资料、珍藏本书或古籍书（图6–17）。

线装书一般只打四孔，称为四眼装。较大的书，在上下两角各多打一眼，就成为六眼装。线装书的装订方式有简装和精

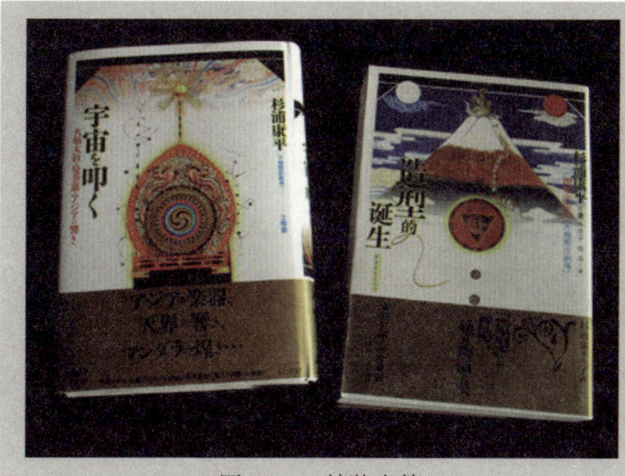

图 6–16　精装书籍

图 6–17　线装书籍

装两种，简装书加工时不包角并多带勒口，封面的用料讲究，如绸、缎、布料等。书册还用比较精致的书套来包装，书盒或壳子统称为书函，书函主要起保护书籍并增加艺术感的作用。加工讲究的线装，除封面用绫绢外，还用绫绢包起上下两角，以来保护书籍。

随着时间的逝去，这种古代书籍装订形式退出了历史舞台，现代的平装形式和印刷方式占据了书籍设计的主导地位，古代书籍那蕴涵深厚文化底蕴和民族情感的古朴形态也难觅踪迹，而随着吕敬人先生一系列书籍整体设计的成功，线装这一最具特色的古籍装帧形式在现代书籍设计中焕发新的生机（图6–18）。

四、纸张的折叠

后期装订工艺不仅仅局限于平装、线装、精装，也涉及纸

图 6–18　吕敬人作品

张的折叠，纸张的折叠是加强设计作品使用功能和个性化的一种方式。它不需要裁切和合订页面，而是通过折叠纸张的方式使书刊装订成册。

折叠方式的不同使设计作品具备不同的阅读方式，是设计师进行个性创作的重要方面，同时使读者在阅读时产生情感上的回应，增添作品的趣味性，这种方式常用于宣传册、部分书籍等。折页装订方式有多种，常见的有：拉页折叠、风琴折、包心折、背折叠、封面半开式折叠、双对折、法式折等。

（一）拉页折叠

拉页，是一种经常出现在书籍出版物中的页面安排方式，一种是书籍页面的横向延伸，可以折叠，也可展开和整个页面构成一排。另一种是书籍页面的纵向延伸，叫做上翻折叠拉页，页面可以垂直向上或向下展开。拉页折叠能够使页面设计更富

有延伸感和连贯性，进而增强作品视觉效果。需要注意的是拉页的宽度应该稍小于普通页面的宽度，以便拉页翻阅，且在收合时不至于产生褶皱（图6-19、图6-20）。

此“京调”宣传册的设计，在结构上采用折叠拉页的方式，它的拉页有横向和纵向的，整体形成一种不同角度搭叠的趣味

图 6-19　拉页

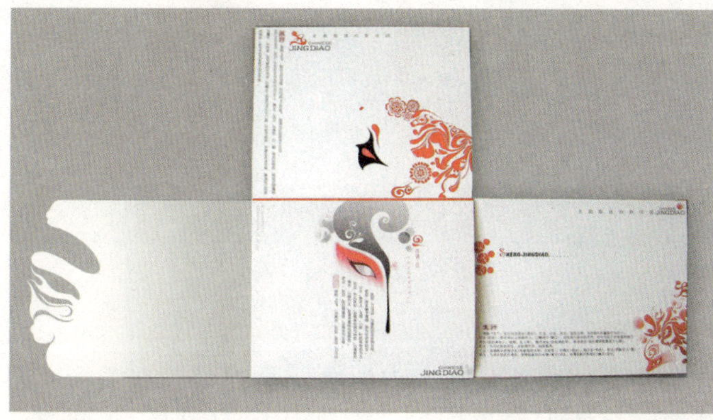

图 6-20　《京调》

性和设计感，十字形的展开方式在视觉上带给读者不同的展现方式和独特的视觉流程。在制作工艺上注意了拉页的宽度和长度，都略小于普通页面的宽和长，如此才不会在拉开和合上之时卡在邻近页面上。

（二）风琴折

两页或多页互相进行反方向的折叠，外形呈风琴形（图6–21、图6–22）。

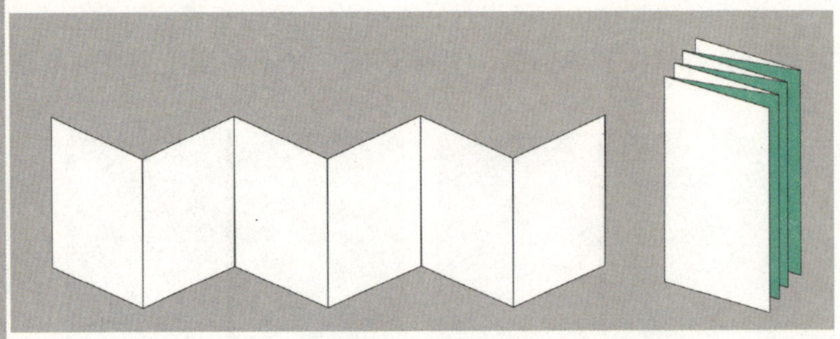

图 6–21　风琴行

图 6–22　袖珍日历

（三）包心折

包心折是将页面依次向内折叠，页面呈包卷结构，最终形成一本精美的手册。这样包心折常用于宣传册、手册等。包心折的折叠方式与我国传统卷轴书籍有相似之处，一张张页面和视觉画面在读者面前逐渐显现，带给人无限的视觉联想和审美享受，当具有传统题材的设计作品采用这种折叠方式时，浓浓的传统书卷气息便油然而生。

设计师在使用这种折叠方式时，页面不可过多设计，否则不利于折叠和使用，同时要注意避免使用过硬或过厚的纸张，如果必须使用，则应将折页的尺寸做大，这样便可将折叠处的压力减小，避免因纸张过硬而造成折痕处的折裂。这种折叠方式的结构如图6–23、图6–24。

（四）背折叠

是将中央页面各向外延伸出两面，这两面能够把中央页面包裹起来（图6–25）。

（五）封面半开式折叠

这种折叠方式是将折页的倒数第二个页面作为封底，其余折面折合起来形成内页，折页中倒数第一个页面尺寸为其他页面的一半，折页折合后这两张页面共同构成了半开放的外形（图6–26）。

（六）双对折

双对折是一种四折页折叠方式，且一般具有左右对称的特

图 6–23　包心折

图 6–24　国外包心折图样

图 6–25　背折叠

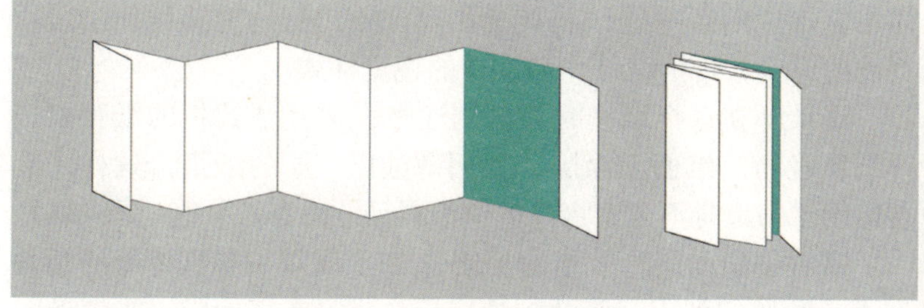

图 6–26　封面半开式折叠

点，常用在装帧出版物中。这种对折方式能够使书刊的左右页面向两侧延伸，增加了书刊的视觉体验。双对折与拉页的形式相似，双对折页常受到杂志编辑的青睐，因为这种折页方式可以进行它可以满足全景照片等特殊版面的编排，并带来额外的编排空间，丰富书刊的视觉效果。

双对折在制作上需要把拉页的页面宽度稍微调小，以保证拉页可以平整地折叠在页面中。其结构如图6–27。

（七）法式折

法式折是利用单面印刷的纸张进行两次折叠而成，横向对

图 6-27　双对折

折之后再纵向对折，这样就形成了四折折页。

法式折的结构如图6-28，法式折经过两次折叠可以形成八个页面，折叠成型后会有一个开口，这个开口就是装订口，当书籍装订之后，裁切书籍时再将折页的上切口裁掉，这样就形成一个空腔。设计师可以利用闭合的折页进行巧妙的设计，增添书籍形式的新颖感，将此运用于印刷出版物能够增加出版物页面的厚度，带给设计作品别样的视觉样式。

设计师在选择纸样时要特别注意，采用法式折的纸张要选择纸质轻巧，纸面无涂层、使用薄油墨印刷的纸张，这样才能在运用于书籍时不至于将外折口折裂且纸面容易平整（图6-28）。

富有创新和展示效果的折纸，如上海双年展宣传册的折叠方式，巧妙的利用一张纸的结构折叠成一本宣传册，平展开时又可以作为一张宣传海报，这种简洁的宣传方式无形中实现了两种价值，体现了现代设计的灵活性、创意性。这种折叠方式就是将一张长方形的纸上下左右对折压痕，再横向对折，纸被平均分成八块，展开后沿着长一些的折痕将中间两段划开，最后对折形成多个双层的页面即成（图6-29、图6-30）。

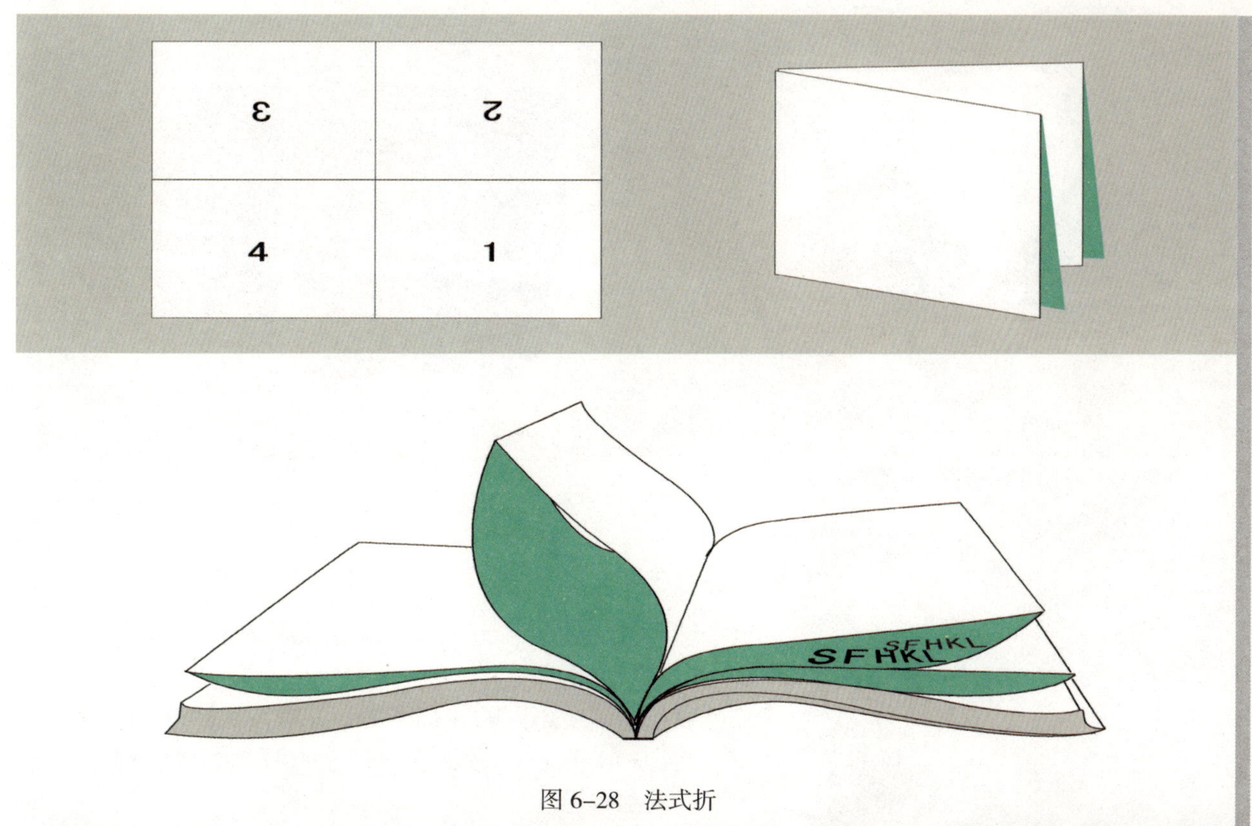

图 6–28　法式折

6	5	4	3
底面	封面	1	2

TRANS
LOCAL
MOTION

图 6–29　创新折纸

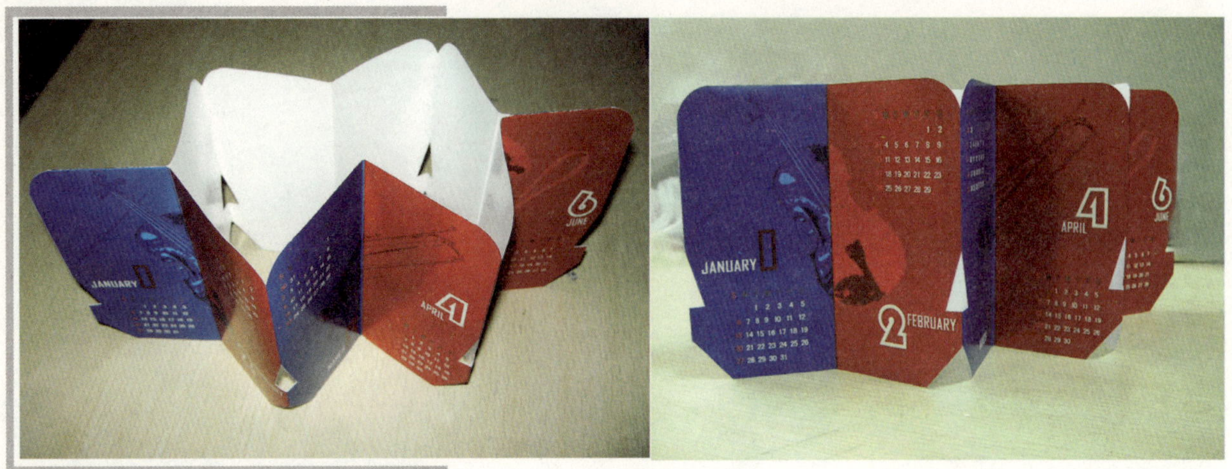

图 6-30　折页日历

思考与练习：

1. 结合模切压痕、起凸压凹工艺相关知识，理解它们对印刷品的作用。
2. 寻找生活中不同的装订形态，并进行优缺点的比较。
3. 结合相关知识，做纸张的折叠练习，巧妙实现设计作品的独特感。

第七章　印刷品设计策略

第一节　印刷品设计的基本定位

国外对产品定位的定义为：“产品定位是用来激励消费者，在同类产品竞争中，使本产品能鹤立鸡群的一个基本销售概念。竞争越多越强，就需要培养一个使自己产品突出于同类产品的定位。”因此，对印刷品设计的定位成为激烈市场竞争的必要需求。

印刷品设计的基本定位，主要从印刷品属性、消费者及客户需求、传播领域、印刷经费等因素综合考虑。

一、印刷品属性

对印刷品属性的定位，先是确定出印刷品所属的大分类，再在大分类中确定小分类，进而找到其在小分类中的具体地位。

印刷品按内容不同，主要分为：出版类、包装类、广告类、办公用品类、卡片类等。

（一）出版类

从出版物的种类来分，主要有：书籍、期刊、杂志、报纸、年历、宣传图片、音像品（唱片、CD、录音带）等（图7–1、图7–2）。

（二）包装类

从形态上分，可分为：小包装、中包装、大包装、系列包装、组合包装、集装箱等。

（三）广告类

常见的广告有招贴广告、POP广告、DM广告、杂志广告等（图7–3、图7–4）。

图 7–1　年历

图 7–2　报纸

图 7–3　钢笔广告《妙笔生花》

（四）办公用品类、卡片类

办公用品类印刷品主要包括信纸、信封、名片、请柬、明信片、账册、报表、合同书等。卡片类：吊牌、心意卡、工作证、预算单等。

设计者需要从属性分类中找到产品的共性与个性，把握它们的本质特征，恰当地为印刷品定位。

二、消费者及客户需求

当今的市场是消费者的市场，印刷品市场同样离不开消费者的需求，满足消费者心理需求的印刷品设计备受青睐。客户是印刷品的委印方，他的需求直接关系到印刷品的艺术风格、档次的基本定位。

（一）消费者的需求

当产品不断满足消费者生理需求的同时，消费者的心理需求逐渐成为产品定位的重要依据。

首先，消费者的生理需求在得到一定程度的满足后，需求会减弱，设计时对一些人们生活上的基本必需品，定位不宜过高，要重信誉感和稳定性。

图 7–4　房地产广告

其次，精神需求属于人的高级需求，在得到一定程度的满足后，反而需求会不断增加，同时，随着需求水平不断提高，常处于欲求高涨的状态，印刷品设计正是利用这种需求，对礼品、化妆品、保健品等高档消费品做出高档定位，以满足消费者的心理需求（图7-5）。

在满足消费者需求时，要意识到消费者水平是有差异的，印刷品设计定位也要区别对待，以适应不同层次的消费者的需求，避免因定位偏高或偏低带来的经济损失。

图 7-5　极富人性化的矿泉水包装

（二）客户需求

客户是印刷品设计方案的最终择定方，是印刷品的委印方和经费的来源。客户的需求由于个人的经历和修养不同，其决策能力和审美感也有所不同，造成印刷品设计在定位上不一定与市场或消费者的需求统一，作为设计者要协调好两者间的关系，与客户在审美心理上进行沟通，在满足客户需求的同时尽可能的实现印刷品的个性。

三、传播领域

诸多印刷品最终都要进入市场进行销售、传播，因此印刷品设计的定位应考虑到其传播领域，即流通范围。对印刷品的设计必须深入市场调查，获得不同传播领域的不同数据，明晰以何种形式传播，进入何种场所销售（大城市、小城镇、高档奢侈品场所等）。领域不同，各地的风俗习惯、消费心理、情感好恶亦不同，这些都是印刷品设计基本定位的重要依据。

四、印刷经费

印刷经费对于印刷品的定位和质量有着至关重要的影响，设计者必须对可供印刷费用和承印单位的大体工价做到胸有成竹。

印刷费用常由承印厂家最后核定，但印刷经费的依据仍然取决于委印单位预定的数量、质量需求、设计原稿。而设计者正是这两者间的中间环节，设计者可以积极做出其印刷品设计的定位，测算出印刷大体经费，以供委印单位择定。在委印单位预支经费少的情况下，印刷品的档次会下跌，其定位就会受到直接影响，此时需要与委印单位进行协商，尽可能的在降低印刷成本的同时，保证印刷品设计的艺术效果。

印刷费用的预算需要根据制版、印刷、印后加工、装订、材料及时间等诸多因素综合考虑。

（一）制版费用

印刷作为一种复制技术，大多是通过印版来完成高数量的印刷任务，制版费用的高低与印张和印刷方式等直接相关。

（1）一方面，印张越多，单张成本越低，制版的花费相对降低，否则相反。另一方面，在种种印刷方式均符合设计的印刷效果时，需要考虑不同的制版价格，平版、凸版、凹版、丝网制版在价格上有所差别，凹版的制版费用昂贵，平印和丝网的制版工价较低。同时，凸版和丝网印刷版费以“元／厘米^2”的方法计算，平版和凹版以“元／套版”来计算。

（2）当印刷品需要专色版印刷时，往往是四色印刷再加一专色，而这比只用单色印刷的工价增加百分之二十五。

（3）平版印刷中常需要印前打样，打样费用根据方式不同而定，计价方式为“元／套色”。一般情况下，制版费中包含打样费。

（4）当印刷品需要特殊工艺时，如电化铝烫印、压凹凸等，就需要专门的印版，其计算方式为“元／厘米^2”。

（二）印刷费用

1．印刷数量与印刷费用

通常情况下印数越多，印刷工价相对越低，印数越少，印刷品平均成本价格就越高。

2．印刷品质量与印刷费用

印刷品的质量需求不同，费用也就不同，比如在平版印刷中有普通产品和精细产品，当要求高精质量产品时，其印刷的价格必然较高。

3．特种印刷

凹凸压印、模切压痕、上光、烫印等特殊印刷，都需另加费用，特别是包装装潢印制中，这些额外的费用比普通印刷要稍高一些。

（三）印后加工费用

1．装订费用

在平装、骑马订、精装装订方式中，骑马订工价最低，其次是平装，最高的是精装。因此，骑马订使用的较为普遍。

2．表面加工价格

凹凸压印、模切压痕、打孔、上光、覆膜都需要耗费不同的工价，有的产品还需要穿线、粘贴、装裱等，工价都应予以考虑。

3．电化铝烫印

加工中有多种颜色的电化铝，特别是烫金、银价格较高，其按“元／厘米^2”来计算，所以面积越大价格越高，但当面积不大，烫金面积分散时，价格也比较高。

（四）承印材料费用以及时间的确定

承印材料作为印刷中的重要元素，其费用占总印刷费用的百分之六十以上。承印材料一般分为：纸张和塑料薄膜。在纸张估价时应注意：首先，印张的尺寸要大于成品尺寸，因为印刷时往往需要留有切口空白、咬口（8～12mm）、套准线的空白，需要符合印刷规则，便于成品整切等。其次，印张数量要多于成品数量，以保证印制出符合设计要求和印刷质量要求的成品数量。印刷数量常在成品数量的基础上，按每道工序增加3%～8%的纸张损耗，因为每次上版时都需要进行式样和过滤的纸，而且印刷过程中的套印不准、色相偏差、压印不实、污点作废等，以及印后的装订、装饰加工等造成的报废现象都属于正常损耗。

生产时间的确定常不是印刷的直接成本，但会间接地影响印刷费用的高低。委印单位希望的是印刷周期越短越好，但对于厂家而言，生产周期短可以创造更多的经济效益，但另一方面必须要有计划、有步骤地安排工艺流程进行生产，以减少单项工序的生产成本。

因此，当遇到生产周期短、印件急的情况时，印制单位无暇顾及每道工序中的版面，造成印张浪费、人员加班加点的现象，难免会提高印刷成本，收取一定的加急费。

第二节　印刷品表现形式的选择

构思是设计的灵魂，印刷品构思的核心在于考虑表现什么和如何表现两个问题，表现形式是解决如何表现的问题，形式是外在的、是设计表达的具体语言、是设计的视觉传达。印刷品表现形式的选择主要考虑以下几个方面。

一、功能性

印刷品的功能性设计常考虑其保护性和便利性两个方面。

1．保护性

（1）在包装设计品的印刷中尤其要注意它的防挤压、抗震性能。产品在包装后往往要经过多种渠道才能到达消费者手中，在搬运的过程中常受到堆叠挤压、碰撞甚至脱落等情况影响，为此，我们要进行包装缓冲设计，这就要加大包装印刷层的尺寸，加大印刷材料的厚度和承载力度；防潮、防气味方面的处理更应该添加包装的特殊印刷处理，药品、食品的包装储藏等，在针对这类产品的包装印刷时要进行内外印刷覆膜，铝塑纸印刷等方式。

（2）在广告设计中印刷品的防护性主要是户外广告要防晒、防雨；宣传册广告要注意防磨损、防翘边等。针对这类情况，印刷时要选择合适的纸张，恰当的墨油。

（3）书籍装帧中要考虑封面、书页的脱落问题，精装书封面与内页的连接问题。印刷中胶装线装相结合来加强其保护性。

2. 便利性

（1）包装印刷品要利于包装便于使用 纸盒的印刷材料应便于成型，便于封盖；瓶贴标签那个口，要采用单面光的纸便于粘贴。塑料袋、纸盒，铁盒等的包装要便于封口，考虑封口的印刷处理；印刷品便于携带的功能性设计，在搬运提拿的过程中要体现便利性，可以在适当的位置扎出手提洞口。将包装印刷品进行若干中包装的设计，如糕点和香烟等，拿取方便，便于陈列。包装体积、承重量要合理，不易脱落，便于使用，甚至可重复利用，促进消费。

（2）广告印刷品的便利性设计 户外广告要便于张贴，一般采用背面覆胶的喷绘纸印刷；商场POP广告要便于悬挂展示，承印材料应不易变形。

（3）书籍印刷品的便利性设计 书籍要便于翻阅，针对不同类型的书籍选择不同的装订方式，工具书因页码多，书厚，应做扒圆处理，教科书应做摊平处理以利于阅读，艺术类书籍可以讲究异样的处理，以利于审美要求。

二、艺术性

印刷品的表现形式关键在于艺术性的表达，艺术性彰显着印刷品的品味和内涵，这是我们必须要强调的一部分。印刷品艺术性的表现形式多种多样，具象与抽象、写意与写实、传统与现代、归纳与夸张、以及是否采用一定的工艺形式等。这些设计原则是在造型的基础之上得以展示的，造型设计是展示印刷品艺术性的一种手法、主要有平面的、凹凸的和立体的三种造型设计。

（1）平面的造型设计主要是通过轮廓的模切形状表现的，书页斜切、镂空成形等。

（2）凹凸的造型设计如同浮雕感觉，是印刷品的一种独特的艺术形式。某一色块的底面压上凹凸形的图案或符号，给人高贵感；在黑色或金银色的表面上压凸纹给人高雅清秀感。

（3）印刷品的立体造型设计主要指的是包装外盒的造型设计，在考虑其功能性外，外盒的独特新颖、灵活多变将会带给印刷品一种艺术美感（图7–6、图7–7）。

图 7–6 宠物之家手提袋

图 7–7 趣味包装

三、典型性

1. 明确印刷品属性

任何事物都必须具有自身的特殊性，印刷品要从装潢设计上，明显的反映出其包装内容物属于哪一类商品。食品类包装大都以形象逼真、色彩诱人的食物为主。礼品包装大都以高雅的色块、精致的标志和大小对比鲜明的少量文字为主。白酒的包装大多运用传统形象或符号来强调历史悠久，文化丰富等韵味。果酒大多采用异型瓶，设计精巧简洁的瓶贴，运用流线造型来展示精致细腻的感觉。化妆品的设计主要在标签和外包装盒上，商标设计极其精炼优美，大多色块简洁、色调高雅，以标志符号和标准字为主，尽量少配其他图案，突出化妆品的鲜明个性。

2. 典型的本民族、本地区特色

浓郁的地域风情和民族特色永远都是典型的、独具特色的，具有典型性的商品是永远具有竞争力的。特别是出口商品的包装印刷，更应该体现本民族的特色，体现区域的文化。中国典型图案的商品，有汉字精巧设计组合的商品都是受外国人青睐的。要表现印刷品的自身民族特色，基本手法有：一是直接表现对象的一定民族特征，另一种是间接地借助于对象的一定民族特征，或者借助明确的其他事物来表现其自身的特色。

四、宣传性

印刷品的宣传性主要是通过展示效果和诉求效果两个方面来展现的。在包装印刷品的设计中，为增强展示效果外盒的设计可采用立体结构，打开盒盖折叠成一定角度，就组成一个展示架兼宣传架，商品陈列其上。广告印刷品讲究的是诉求效果，它主要通过广告语言来传达的，图案和文字要精练，符合产品的属性，诉说的要巧妙，可以夸张、抽象、解构等来宣传其自身品质。

第三节　印刷材料的选择与适用工艺

一、纸张与特殊承印物

（一）纸张

纸张与设计有着密不可分的关系，日本曾有一位著名的书籍装帧家说过："纸是设计的生命。"每一种纸张都有其独特的色彩、光泽、质感及表面的肌理和纹路，这些特性赋予了各种纸张各自不同的个性，特种纸更由于光泽度的不同、色彩的差异而带给人们各不相同的感受。而这些不同的个性在与设计结合时，就需要设计师的恰当选择，利用纸张传达设计，使纸张的风格与设计的风格完美统一，从而展现独特的印刷品艺术氛围。

纸张能够满足所有传统印刷方式的需求，常见的纸张及其应用范围：新闻纸，适合报纸出版印刷、漫画书等；机械木浆纸适合用于报纸字典；涂料纸板常用于封面；铜版纸用于彩色打印、杂志；高光泽纸用于高质量彩色图片打印；绘图纸，比较厚，适用于绘画，常运用于一些年报的设计中；灰纸板适用于包装（图7–8）。

纸张能否高质量地运用于印刷品，在于纸张的印刷适性。

（1）光泽度越高的纸张，印品墨色越鲜艳，墨色视觉效果也好。纸张越平滑，光泽度越高，印品色彩的光泽度也越高。印刷以图版为主的版面，宜选用光泽度高的纸，使印品墨色均匀、厚实、鲜艳悦目。

（2）纸张的吸收性也叫吸墨性 它的强弱对印刷色相和墨层的光泽性的表现非常敏感。吸墨性强的纸，印品墨色色相容易发淡，墨层也缺乏光泽度。此外，由于油墨中的连结料大部分被纸张纤维组织所吸收，颜料颗粒得不到足够的保护，印品上的墨膜不牢固，容易使印迹发生"粉化"现象。反之，若纸张的吸墨性过弱的话，印品墨层将附着不牢，且印迹也不易干燥，容易造成印品背面蹭脏。

所以，根据印品的使用特点，选择吸收性合适的纸张进行印刷，才能较好地保证印刷品质量。如印报纸宜采用吸收性强的新闻纸，以满足高速、急用、经济的使用特点。而印刷精细的产品，色彩要鲜艳就要求纸张吸收性弱，如玻璃卡、铜版纸等。

（3）纸张的弹性和塑性 纸张在屯放、印刷等过程中，会因为周边环境的不同而发生各种变化。当受到的外力消除后，纸张还是保持在受外力作用时造成的形状与尺寸变形的状态时，

图 7-8　肌理书籍设计

称为塑性变形，这是不可逆的变形。因此，选择弹性好的纸张是印刷品保证高质量要求的重要方面。

（4）纸张的含水量 纸张的含水量的多少，直接影响着印刷品的质量，含水量过多，纸张的强度会降低，在外力的作用下，纸张纤维会被拉出，使塑性变形增强，使印迹的干燥速度受到影响。当含水量过少，纸张会发脆，容易造成破损等。由于纸张的含水量与周围的环境有很大的相关性，所以对于印刷机房的湿度和温度都要进行恰当的安排，以保持纸张含水量的平衡。

当印制包装盒时，如果最初设定的尺寸不考虑其外界环境造成的干湿问题，常会出现制成品收缩或膨胀变化，造成印刷品的成批废弃。因此，要重视纸张的含水量与周围环境的关系。

（5）纸张的表面强度 在印刷时纸张的表面

强度对其表面的耐磨性、抗起毛、抗掉粉等有决定性的影响。如果纸张的表面强度不够，就会容易出现掉粉、掉毛现象，印刷时为了得到较为清晰的网点，常采用一些粘度较高的油墨，并粘附在版的表面。

（二）特殊承印物

除了纸之外的其他承印物，同样有各自不同的个性，因此需要设计师在选用承印物时谨慎挑选。

（1）塑料薄膜，是厚度在0.25mm以下的塑料制品，它具有防潮、透明、抗氧、气密性好等特点，同时又是很好的印刷材料。常见的塑料薄膜可分为聚乙烯（PE）、聚氯乙烯（PVC）、聚苯乙烯（PS）、聚酯薄膜、尼龙薄膜等。

聚乙烯薄膜，使用较为普遍，适用于冷冻产品的包装，但其油墨黏着牢度差、色彩不鲜艳；聚氯乙烯薄膜，价格低廉，应用广泛，具有较好的印刷适性，适合于丝网印刷、转印、模切，色牢度好，颜色精美；聚苯乙烯薄膜，透明度高、透气性高、透湿性高，适用于蔬菜、水果的产品包装，其印刷适性较好，能适应凸版、凹版印刷；聚酯薄膜，是一种较高级的包装用塑料薄膜，用于食品、纺织品、金属制品、纸类产品的包装和纸盒开窗封口，凸版、凹版印刷均可；尼龙薄膜，是一种较贵的塑料薄膜，它无色无毒、透明、耐高低温、韧性强、强度大，很适合用于化工、五金、蒸煮、冷冻、油炸食品的包装，它不易产生静电，适合于凹版、凸版印刷。

（2）金属板和陶瓷制品 金属板常用于标识、封面、实物的设计，适用于丝网印、转印、模切。陶瓷制品作为实物物体，适合丝网印刷、转印。

（3）编织物和木料 编织物在设计中，用于服装、封面、宣传横幅，适合丝网印刷、转印。木料常用于标识、封盒、实物物体，可丝网印刷、烫印。

二、印刷油墨

（一）印刷油墨

油墨是一种由颜料微粒、填料、附加料等均匀地分散在连接料中，具有一定黏性的流体物质。油墨可分成不同种类，常用的有凸版印刷用油墨、平版印刷用油墨、凹版印刷用油墨、丝网孔版印刷用油墨、特殊功能性油墨等。

（二）油墨特性

油墨是一种具有一定流动性的浆状胶粘体，黏度、触变性、流动性、干燥性等都决定着油墨的性能。

黏度：油墨的黏度过大，印刷过程中油墨的转移不易均匀，并发生对纸张拉毛的现象，使得版面发花，黏度过小，油墨容易乳化、起脏，影响印刷品的质量。在印刷过程中对油墨黏度大小的要求，取决于印刷机的印刷速度、纸张结构上的特点、周围环境中温度及湿度的变化等因素。

触变性：是指油墨受外力的搅拌时随搅拌动作由稠变稀，搅拌动作停止，又恢复到原来稠度的现象。若油墨的触变性过大，则使墨斗中的油墨不易转动，就会影响墨辊的传墨功能。

流动性：是指油墨在自身的重力作用下，会像液体一样流动，由油墨的黏度、屈服值和触变性决定，同时与温度也有密切的联系。

墨丝的长度：是指油墨初拉伸成丝状而又不断裂的程度，它的长短程度由油墨的触变性、屈服值和塑性黏度有关。墨丝短的油墨在胶印和凸版印刷中是印刷性能好的油墨，不会在印刷过程中造成飞墨的现象，同时，印刷品上的墨层也均匀厚实。墨丝的长短是衡量油墨好坏性能的一种常用方法。

油墨的干燥：油墨的干燥是指油墨附着在印刷品上形成印迹后，从液体或糊状变成固体的皮膜的过程，这种过程是由油墨中的边接料从液体或糊状体转变为固体而完成的。通常凸版印刷油墨以渗透性干燥为主，平版胶印油墨以氧化结膜干燥为主，凹版印刷用油墨因为采用挥发性较强的溶液剂为连接料，所以是以挥发性干燥为主。

第四节 印刷品设计方案的择定

印刷品的装潢设计，在经过了设计基本定位、艺术表现形式的选择、印刷材料的选择，制订出初步设计方案后需要进行对印刷品设计方案的择定，其中需要考虑印刷品的实用程度、印刷效果、艺术实效。

一、实用程度

（一）符合人的需求

印刷品是为人服务和使用的，一切应该从人的角度出发，来考虑印刷品的实用程度。书籍的设计不仅要适合印刷，更要方便查阅和使用，包装则应考虑到消费者的携带、打开、封闭等的便利性，广告招贴应考虑到大众的瞬间接受程度。

（二）体现功能性

印刷品要体现一定的功能性，尤其是包装印品方面，除了考虑保护功能外，还需要考虑到印刷工艺实施的便利，装卸、上架的稳定性等。

（三）经济实用程度

经济实用一方面体现在印刷工艺上，制版要减少不必要的错误，避免再次修版或制版，利用有限的经费创造出较好的效果和更多的经济效益；另一方面体现在利用率上，印刷品在设计时，应考虑好其回收可利用的程度，比如一些可利用的包装盒、纸箱等，这样就会为社会经济带来良性循环。

二、印刷效果

在择定设计方案时，应充分考虑到印刷后产品的印刷效果，主要体现在以下两个方面。

（一）原稿质量

高质量的印刷原稿才能印制出高质量的印件，原稿的图片要清晰，饱和度要高，层次要丰富，文件的尺寸大小要能够保证等。

（二）印刷效果

一方面，要估计到准备采用的制版工艺是否能够达到设计方案的预先要求。另一方面，要考虑印刷工艺的选择是否能够准确地反映出设计稿的图像、色彩，比如色彩是否饱和、图片的细部清晰度的印制效果、大幅面的印刷稿件套色是否准确等。

三、艺术实效

印刷品设计在符合印刷工艺要求的同时，要尽量实现其艺术实效，来增加印件价值。

（一）审美性

在图形、文字、构图、色彩、造型等方面，要符合大众的审美情趣，不可将设计稿设计成自我欣赏的艺术品，要让普通大众接受，从他们的角度去考虑和审视设计。

（二）创新性

富有个性的印刷品设计往往适应现今世界的新潮流，适应激烈的市场竞争以及满足人们多元化的精神需求。创新性印刷品是设计方案抉择的重要方面。

（三）宣传性

鲜明、突出的设计画面能在瞬间引起读者的兴趣，产生遐想，实现良好的传达，为委印方创造更多价值。

思考与练习：

1. 印刷费用的预算需要考虑哪些方面？
2. 了解纸张与设计的关系，及其印刷适性。
3. 怎样对印刷品设计方案进行合理择定？

第八章　印刷设计制成品赏析

图 8–1　音乐海报设计

图 8–2　京剧角色创意包装盒

图 8-3　国外优秀包装

图 8-4　日本食品包装（特种纸）

图 8–5　《艺术与设计》书籍设计 高明

图 8–6　日本鱼糕包装（仿页面肌理印刷）

图 8–7　日本食品包装

图 8-8 《幻境》海报（喷绘）

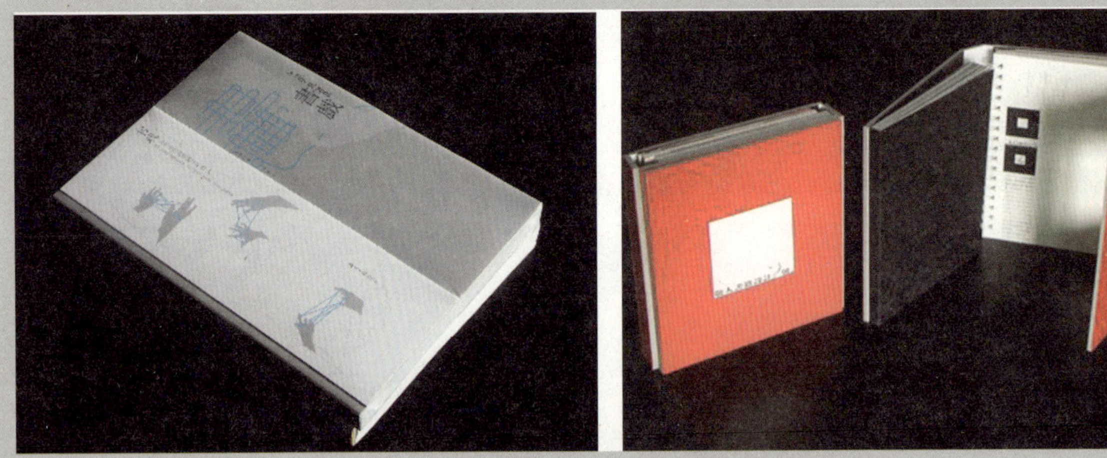

图 8-9 吕敬人大师作品（工艺与纸张的结合）